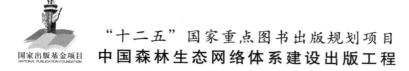

"十二五"国家重点图书出版规划项目

国家出版基金项目
NATIONAL PUBLICATION FOUNDATION

中国森林生态网络体系建设出版工程

黄 山 森 林 城 市 建 设

The Study on Ecological City Construction of Huangshan

彭镇华 等著

Peng Zhenhua etc.

中国林业出版社

China Forestry Publishing House

图书在版编目（CIP）数据

黄山森林城市建设 / 彭镇华等著 . —北京：
中国林业出版社，2015.6
"十二五"国家重点图书出版规划项目
中国森林生态网络体系建设出版工程
ISBN 978-7-5038-7992-0

Ⅰ.①黄…　Ⅱ.①彭…　Ⅲ.①城市林 – 建设 –
研究 – 黄山市　Ⅳ.①S731.2

中国版本图书馆 CIP 数据核字（2015）第 108515 号

出版人：金　旻
中国森林生态网络体系建设出版工程
选题策划　刘先银　策划编辑　徐小英　李　伟

黄山森林城市建设

统　筹　刘国华　马艳军
责任编辑　李　伟　刘香瑞

出版发行　中国林业出版社
地　址　北京西城区刘海胡同 7 号
邮　编　100009
E - mail　896049158@qq.com
电　话　（010）83143525　83143544
制　作　北京大汉方圆文化发展中心
印　刷　北京中科印刷有限公司
版　次　2015 年 12 月第 1 版
印　次　2015 年 12 月第 1 次
开　本　889mm×1194mm　1/16
字　数　215 千字
印　张　8
彩　插　24 面
定　价　79.00 元

前　言
PREFACE

　　黄山市古名徽州、歙州、新安，位于安徽省最南部、新安江上游。1987年以境内黄山为名设地级市，是世界著名的现代国际旅游城市。黄山山灵水秀，风景如画，多少文人墨客"爱其山水清沥，遂久居"于此，徐霞客更以"薄海内外，无如徽之黄山"来高度评价黄山的优美景致。

　　近年来，黄山市大力发展生态绿化事业，城乡绿化环境和景区景观质量显著提升，全市植被盖度从2002年的0.6609增加到2011年的0.7398，年均增加0.88个百分点，建成区绿化覆盖率达到49.8%，人均公共绿地面积达到15.8平方米，建成922个绿色质量提升点、148个百佳摄影点，城市面貌焕然一新，宜居、宜游、宜业环境不断优化，黄山市已成为充满蓬勃生机的绿色城市，先后获得中国优秀旅游城市、国家园林城市、世界特色魅力城市200强、中国人居环境奖等荣誉，为安徽省乃至皖浙赣地区的生态人文绿化建设起到了示范引领作用。

　　在黄山市迈向宜居宜业宜游的现代化城市进程中，黄山市委、市政府以创建国家森林城市为切入点，对城市生态建设提出了更高的发展目标。黄山创建国家森林城市，是推进黄山和谐发展的重要举措，是增强黄山城市综合竞争力的重要途径，是提升黄山城乡居民收入水平的重要抓手，将进一步提升黄山的城市生态文化品位，夯实黄山城市可持续发展的生态基础。为了更好地实现创建国家森林城市的目标，2013年，黄山市人民政府委托国家林业局城市森林研究中心编制《黄山森林城市建设总体规划》。在规划编制过程中，得到了黄山市发改委、住建委、农委、旅委、国土局、交通局、水利局、规划局、环保局、统计局、气象局等相关部门及各县（市、区）的大力支持和帮助。

　　本书是以《黄山森林城市建设总体规划》的研究成果为基础编撰而成，主要内容是以黄山市建设国家森林城市为目标，在分析黄山市生态环境本底特征的基础上，借鉴国内外城市森林建设的典型经验，明确提出黄山森林城市建设的目标、发展指标、总体布局、重点工程和保障措施。希望本书的出版，有利于促进和推动我国现代林业的发展。值此出版之际，谨向支持和关注本项目的单位和个人表示衷心感谢。由于时间仓促，书中疏漏和错误在所难免，敬请予以批评指正。

著　者
2014年6月

目 录
CONTENTS

第一章　黄山森林城市建设背景

一、黄山市自然社会经济状况

（一）自然状况

1. 地理位置

黄山市位于安徽省最南端，介于东经 117°02′~118°55′和北纬 29°20′~30°24′之间，全市总面积 9807 平方公里，西南与江西省景德镇市、婺源县交界，东南与浙江省开化、淳安、临安县为邻，东北与宣城市接壤，西北与池州市毗邻。黄山市地处皖浙赣"三省通衢"，位居华东和长三角腹地，自古就是承东启西、贯通南北的区域中心，是国家公路运输枢纽城市、安徽省规划的三省交界区域中心城市和交通枢纽城市。

2. 地形地貌

黄山市地处皖南山地地貌区，境内具有山地、丘陵、盆地、河谷等多种地貌。地形以中、低山地与丘陵为主，占土地总面积的 90%，河川盆地相间分布，占土地总面积的 10%。黄山、九华山、白际山、天目山、五龙山等五大山脉分别横列于南北两侧，境内呈现出南北两侧高、中部地带低的地势特征，以歙县、屯溪、休宁河谷平原为中心，南北两侧依次向丘陵、低山、中山逐渐抬升。山间盆地和谷地海拔 100~250 米，丘陵及低山海拔 250~1000 米。黄山莲花峰高达 1873 米，为安徽省最高峰。

3. 水　文

黄山市有大小河流 600 多条，分为三大水系。一是流向东南的新安江水系，发源于休宁县六股尖，流经休宁、祁门、屯溪、歙县，在歙县街口注入千岛湖，在黄山市境内总长度 242.3 公里，面积 5545 平方公里，占黄山市总面积的 59%，其主要支流有率水和横江；二是流向西南的鄱阳湖水系，河流有阊江和乐安江，流域面积分别为 1914.6 平方公里和 61.3 平方公里；三是流向北面的青弋江水系，市境内流域面积 2029.2 平方公里。

4. 气　候

黄山市地处亚热带北缘，属湿润性季风气候，四季分明，热量丰富，雨热同期，年平均气温 15~16℃，大部分地区冬无严寒，无霜期 236 天，降水多集中于 5~8 月，年平均降水量 1670 毫米，全年风速较小，适宜多种林木、茶叶、果树及农作物生长，气候条件比较优越。

5. 土　壤

黄山市中低山地大部分为黄壤、山地黄棕壤，土层较厚，石砾含量较高，透水透气性能良好，肥力较高，有利于木、茶、桑和药材生长。丘陵地带多为红壤和紫色土，质地黏重，酸性，肥力很差，但光热条件好，适宜栎、松、油茶等生长，山麓盆地与平原谷地多砂壤土，溪河两岸多冲积土，适用于农业耕作。

6. 矿产资源

黄山市矿产资源丰富，目前发现和查明各类矿产 46 种，矿产地 210 处。其中，能源矿产 6 种，有煤、沥青煤、石煤、铀、钍、地热，矿产地 10 处；金属矿产 23 种，矿产地 132 处，其中钨、钼、铜、铅、锌、锑等有色金属矿产地 73 处，金、银等贵金属矿产地 13 处，铁、铬、锰黑色金属矿产地 35 处；非金属矿产 15 种，水气矿产 2 种，资源储量的矿产 3 种。

7. 动植物资源

黄山市地带性植被为亚热带常绿阔叶林带，森林类型主要有杉木林、马尾松林、青冈＋苦槠林、栎类＋枫香林、毛竹林、湿地松＋火炬松林、油桐＋油茶林等。据现有资料统计，境内共有木本植物 1104 种，占全省木本植物总数的 83.7%，其中乡土树种 943 种，引进树种 161 种。据 2012 年调查，黄山市现存古树名木 7920 株，其中一级保护古树 946 株，二级保护古树 1899 株，三级保护古树 5005 株，名木 70 株。黄山市动物资源丰富，全市共有鸟类 17 目 43 科 220 种，哺乳动物 8 目 22 科 86 种，其中国家 I、II 级保护动物种类有云豹、华南梅花鹿、黑麂、白颈长尾雉以及黑熊、猕猴、大灵猫、小灵猫、鬣羚、穿山甲、大鲵、白鹇、勺鸡等 58 种，省级保护动物 39 种。

8. 旅游资源

黄山市是全国历史文化名城和旅游名城。这里不仅有以黄山为代表的自然风光，还有以徽文化为代表的人文景观，是全国第一个拥有世界文化、自然双遗产地和世界地质公园的城市，旅游资源异常丰富。人文景观有世界文化遗产的西递和宏村两个具有浓厚徽州文化的古村落，保存完好的"宋街"及清代哲学家戴震纪念馆等古迹名胜。黄山市是"徽商"的发祥地，也是"新安医学"和"新安画派"的摇篮，这里出产名闻中外的歙砚、徽墨等工艺品及祁门红茶、太平猴魁、黄山毛峰、云耳等特产，有全国八大菜系之一的徽菜，也有全国独树一帜的徽派砖雕、木雕和石雕等。黄山市的自然风光秀美，至 2011 年，全市建立国家级和省级各类自然保护区 18 个，拥有祁门县牯牛降、歙县清凉峰等国家级自然保护区 2 处，岭南、十里山、查湾、天湖、五溪山、九龙峰、六股尖等省级自然保护区 7 处，黄山、齐云山、花山－浙江等国家重点风景名胜区 3 处，黄山、齐云山、徽州等国家森林公园 3 处，五溪山、木坑竹海等省级森林公园 2 处，太平湖国家湿地公园 1 处，县级自然保护区 60 处，国家、省级重点文物保护单位 56 处，已发现的地面文物多达 4900 多处。

（二）经济状况

黄山市紧紧围绕建设现代国际旅游城市这一战略目标，坚持转型发展、开放发展、绿色发展、和谐发展，依托首批国家服务业综合改革试点、全国首个跨省流域的新安江流域生态补偿机制试点、徽州文化生态保护区和皖南国际文化旅游示范区四大国家级战略平台，强力推进"十大工程"，经济社会发展呈现速度较快、结构优化、效益提升、民生改善的良好态势。2011 年，全市实现地区生产总值 378.8 亿元，财政收入 64 亿元，城镇居民人均可支配收入 18669 元，农民人均纯收入 7952 元，均高于全省平均水平。黄山市三次产业协调发展，农业增加值 45.1 亿元，茶业综合产值 61 亿元，规模以上工业增加值 114 亿元，服务业增加值 158.2 亿元，2011 年接待游客 3054.4 万人次，实现旅游总收入 251 亿元。

（三）社会状况

黄山市于 1987 年 11 月经国务院批准成立，前身是徽州地区，现辖三区（屯溪区、黄山区、徽州区）、四县（歙县、休宁、祁门、黟县）和黄山风景区，区、县辖 53 个镇、48 个乡，6 个街道办事处、44 个居民委员会，743 个村民委员会。黄山市总面积 9807 平方公里，市区面积 2342 平方公里，建成区面积 47 平方公里。截至 2011 年年末，全市户籍人口 148.1 万人，其中非农人口 36.7 万人，农业人口 111.4 万人。黄山市享有中国首批优秀旅游城市、国家园林城市、十大中国魅力城市、"中国人居环境奖"、"公众最向往的中国城市"等称号。

二、黄山市主要生态环境状况

（一）大气环境质量

黄山市城区大气污染的主要来源包括工业污染源、生活污染源、交通污染源以及外地漂浮来的二氧化硫、飘尘、氮氧化物等。"十一五"期间，全市城市环境空气污染以可吸入颗粒物为首，其他依次为二氧化硫、二氧化氮。2005~2011 年，城区环境空气质量达到国家二级标准的天数为百分之百，2006~2010 年空气质量达到一级标准的天数逐年增加，2011 年略有下降，2010 年达标天数最多为 260 天（图 1-1）。"十一五"期间，黄山风景区大气环境质量均为优，达到国家一级标准。

主要污染物的达标情况为：①二氧化硫在"十一五"期间年均浓度都达到国家一级标准。平均浓度范围在 0.012~0.020 毫克／立方米，"十一五"期间与"十五"期间相比变化不大（图 1-2）。②二氧化氮浓度在 0.017~0.023 毫克／立方米，2005~2011 年年均浓度达到国家环境空气质量一级标准，2009 年年均浓度最高，随后二氧化氮年均浓度呈逐年下降的趋势（图 1-3）。③可吸入颗粒物年均浓度在"十一五"期间均达到国家二级标准。2006~2009 年均浓度总体呈下降趋势，2010 与 2011 年持平（图 1-4）。全市城市环境空气污染具有明显的季节性变化

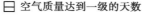
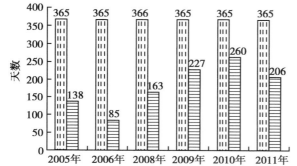

图 1-1　2005~2011 年黄山市空气质量达标图

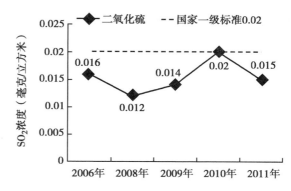

图 1-2　2006~2011 年度 SO_2 年均浓度

特征,一、四季度偏高,二、三季度低,说明冬季污染严重,夏季较轻。④黄山市城区"十一五"期间酸雨频率升高,大气降水 pH 值年均范围在 4.69~5.11 之间,2007~2009 年 pH 值显著下降(图 1-5),酸雨频率 2006 年最高达到 82.6%,酸雨污染较为严重,2007 年之后酸雨频率呈逐年上升趋势(图 1-6)。

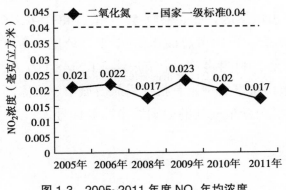

图 1-3 2005~2011 年度 NO_2 年均浓度

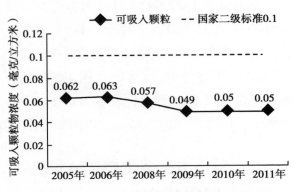

图 1-4 2005~2011 年度可吸入颗粒物年均浓度

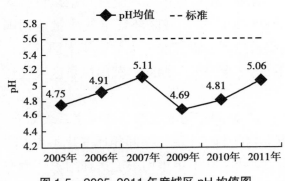

图 1-5 2005~2011 年度城区 pH 均值图

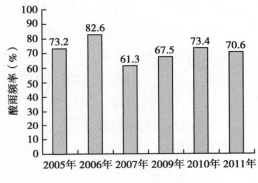

图 1-6 2005~2011 年度酸雨频率

(二)水环境

1. 地表水

黄山市 2011 年地表水资源量 96.885 亿立方米,人均水资源量 6541.9 立方米,全市入境水量 7.60 亿立方米,出境水量 98.6 亿立方米。全市共监测长江流域的阊江、麻川河及新安江流域的横江、率水、新安江等 10 条河流,26 个水质重点监测断面,除丰乐河徽州岩寺段,非汛期平均水质为Ⅳ类外,其他各河段汛期、非汛期平均水质均为Ⅱ~Ⅲ类(图 1-7),水质较好。水质监测断面涵盖 27 个水功能区,水质达标率为 96.3%。

2. 地下水

黄山市 2011 年地下水资源量 14.309 亿立方米,其中新安江 8.964 亿立方米、阊江 2.480 亿立方米、青戈江水阳江 2.865 亿立方米(图 1-8)。近些年随着黄山市旅游人数的暴增,对水资源的需求迅速增加,由于对水资源不节制地胡乱开采,黄山市地下水资源持续减少,地下水资源生态平衡形势严峻。

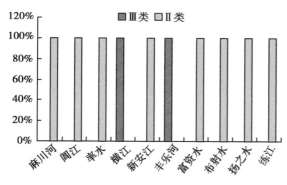

图1-7　2011年黄山市河流水质状况

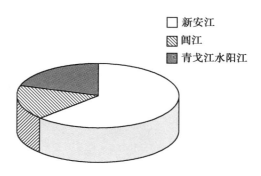

图1-8　2011年市内各流域地下水资源量比例

（三）污染物排放

1. 废水及主要污染物

黄山市的废水主要包括工业废水和城镇生活废水。2011年，全市工业和城镇生活废水排放总量为6164万吨，其中工业废水排放量为2102万吨，城镇生活废水排放量为4062万吨；全市工业废水和生活污水中化学需氧量排放总量为2.147万吨，全市氨氮排放总量为1773吨。近些年来，废水排放量呈上升趋势，化学需氧量和氨氮排放量略有下降。

2. 废气及主要污染物

黄山市废气排放主要包括二氧化硫、烟尘和工业粉尘。2010年，黄山市工业废气排放总量为16.3亿标立方米。燃料燃烧过程中废气排放量为15.6亿标立方米，生产工艺过程中废气排放量为7000万标立方米，废气中主要污染物工业二氧化硫排放量为2440吨，烟尘排放量为2619吨，工业粉尘排放量为3515吨。

3. 工业固体废物

近些年来，黄山市工业固体废物呈下降趋势。2011年，黄山市工业固体废物产生总量为5.29万吨，其中粉煤灰和炉渣占总量的53%，冶炼废渣占29%。工业固体废物综合利用为全市工业固体废物的主要消纳渠道，排放量和贮存量基本为0，工业固体废物得到了有效的控制（表1-1）。

表1-1　工业固体废物处理情况

统计年份	综合利用		处置		贮存		排放	
	数量（万吨）	利用率（%）	数量（万吨）	处置率（%）	数量（万吨）	贮存率（%）	数量（万吨）	排放率（%）
2005	5.99	89	0.75	11	0	0	0	0
2006	5.60	90	0.66	10	0	0	0	0
2008	3.86	86	0.66	14	0	0	0	0
2009	3.86	86	0.66	14	0	0	0	0
2010	4.63	88	0.66	12	0	0	0	0

（四）城市声环境

黄山市噪声污染主要来源有道路交通噪声、生活噪声、工业噪声、施工噪声及其他噪声源。

1. 区域环境噪声

2011 年度黄山市中心城区、徽州区、黄山区区域环境噪声监测点位 142 个，平均等效声级 53.1 分贝，达到（GB3096-2008）《声环境质量标准》中 2 类区标准，声环境质量等级为较好（图 1-9）。

2. 道路交通噪声

2011 年度城区道路交通噪声监测，监测 26 个路段，平均等效声级为 69.0 分贝，达到（GB3096-2008）《声环境质量标准》中 4 类区标准，道路交通声环境质量等级为较好（图 1-10）。

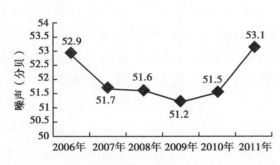

图 1-9　黄山市区域环境噪声（Leq）年度变化

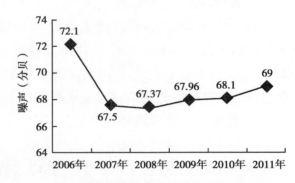

图 1-10　黄山市城区道路交通噪声年度变化图

3. 功能区噪声

2011 年度功能区定点噪声监测结果表明，全市 1、2、3、4 类声环境功能区昼间等效声级均满足相应声环境功能区标准，1、3 类区夜间等效声级达标率 100%，2 类区夜间等效声级达标率 92%，4 类区夜间等效声级达标率 75%，2 类区和 4 类区夜间噪声达标率有待提升。

（五）乡村生态环境

受自然条件的限制和多种因素影响，广大农村的生态建设存在滞后现象。一是小城镇和农村聚居点的规划、基础设施建设和环境管理滞后，许多生活污染物被直接排入周边环境，造成严重人居环境污染；二是现代化农业生产带来各类污染，特别是化肥、农药的大量使用造成农业资源污染严重。2011 年全市农用化肥施用量（折纯法）3.99 万吨，农药使用量 3182 吨。

（六）湿地生态环境

黄山市湿地总面积 793.72 平方公里，占国土面积的 8.09%。主要包括河流湿地 157.60 平方公里、湖泊湿地 115.53 平方公里、水库坑塘湿地 23.73 平方公里以及水田湿地 496.86 平方公里。目前，黄山市湿地保护形势依然严峻，经济建设的快速发展和湿地旅游业发展给湿地保护带来新的压力，湿地污染逐步加剧，水库等呈现富营养化发展趋势等问题日益突出，湿地生态保护与合理利用的任务仍然很重。

三、国内外城市森林建设的启示

随着城市化和工业化的高速发展，世界各国均产生了严重的生态环境危机。近半个多世纪以来，为了缓解城市生态系统的巨大压力，世界各国积极开展城市森林建设，并取得了重要成就和丰富经验。近年来，随着我国城市化的高速发展及受国外先进建设技术和思想的影响，加上群众和政府的高度重视，我国城市森林建设也逐渐步入快速、正常发展的轨道。通过借鉴国内外城市森林建设取得的成功经验，全面巩固国家园林城市和全国绿化模范城市建设成果，促进黄山市城市森林建设的健康发展。

（一）制定科学规划，将城市森林作为城市绿色基础设施

国外城市森林的快速发展，得益于其对城市森林的科学定位，即把城市森林作为城市有生命的绿色基础设施，结合城市总体规划，制定了具有科学性和前瞻性的城市绿化发展规划，并且严格依据规划进行长期的城市森林建设，不断完善城市生态系统的结构和功能。例如，新加坡于1991年提出建设遍及全国的绿地和水体串联网络，2001年要求在增加更多绿地空间的基础上提高公园的可达性，2003年的城市绿地系统规划将2001年规划中的长期宏观策略进一步深化。经过40多年的建设，新加坡已经形成较完善的城市绿地规划系统。日本通过近百年的不懈努力，在市域范围内构建圈层式城市森林网络系统，创造了成功的日本模式。

由于森林城市的建设是一项长期坚持、只有开始而没有结束的伟大事业，需要前人栽树、后人管护的世代相传，才能体现森林城市惠及千秋的建设意义，因此，黄山市在制定城市森林规划时，要注重以下三个方面：①科学编制城市林业用地规划。按照黄山市的城市发展空间定位，将城市森林建设融入城市经济社会发展总目标中，做到同步规划，协调发展。②以人为本，坚持适度的高起点、高标准。立足未来二三十年的长远发展目标，前瞻性地将城市郊区一定范围内的生态用地、自然和人文景观丰富的地区加以保护，统筹城乡生态建设。③实施阳光规划。城市林业规划者要与市规划部门携手并进，广开言路，通过各种形式向社会各界人士展示规划内容，最广泛地听取和吸纳社会各层面的意见和建议，使规划进一步完善，具有合理性和可行性，形成良性互动的反馈和参与机制。

（二）面向包括城区、郊区整个城市化地区开展城市森林建设

城市是处在一个区域环境背景下的人口密集、污染密集、生态脆弱的地带。实践表明，环境问题的产生与危害带有跨区域、跨时代的特点，这在客观上要求以森林、湿地为主的生态环境治理也要跨区域、跨部门地协同与配合，按照区域景观生态的特点在适宜的尺度上进行。从国外的城市绿化发展来看，也经历了从景观化与生态化、林业与园林部门管理权限的争论，但随着现代城市化进程的深刻发展，面向包括建成区、郊区甚至是远郊区整个城市化地区开展城市森林研究已经得到广泛的认可。这对解决中国长期以来以城区为主、过分强调景观效果、过度设计、职能部门分割管理的问题有非常重要的借鉴意义。

从城市森林建设比较好的国外城市来看，城市森林在城市地域空间分布比较均衡，形成了城市内外一体的森林生态系统。比如俄罗斯的莫斯科、加拿大的温哥华、多伦多，美国的华盛顿、波特兰等，从郊区到市区，整个城市掩映在森林和树木之中，高大的乔木构成了城市绿地系统的主体，森林非常均匀地分布于市区的各个角落，绿色成为城市的基本色调。市区内既有大面积的森林公园，也有宽阔的沿街绿化带把城镇内的各类公共绿地连接起来，在整体上构成了一个森林环境，森林与城市的关系并不是城市中分布有森林，而是城市坐落在森林之中。黄山市应借鉴国外发达国家城市森林建设的经验，构建贯穿整个市域范围的森林生态系统，将城区、近郊和远郊区连成一体，形成覆盖全市的森林网络。同时，在建成区应依据公园服务半径合理布局城市公园，通过绿道、水系、林带相串联，构成四通八达的城市公园体系。

（三）近自然林模式是绿化建设的主导方向

城市绿化建设的根本任务就是要改善城市生态环境和满足人们贴近自然的需求，因此，近自然林的营造和管理是城市绿化建设的主导方向。近自然森林的建设理念，是在反思重美化、轻生态的绿化现象基础上提出的，力图通过利用种类繁多的绿化植物，模拟自然生态系统，构建层次较复杂的绿地系统，实现绿化的高效、稳定、健康和经济性，倡导营造健康、自然和舒适的绿色生活空间。目前，美国、加拿大、英国等许多国家的城市森林建设都体现了近自然林的理念。一是树种近自然。注意乡土树种的使用和保护原生森林植被，强调体现本地特色森林景观。城市森林营造遵循树木生长规律，很少过度修剪和移植大树。加拿大温哥华市坐落在森林环抱之中，即使是飓风毁坏的林地，也尽可能保留自然的风貌，并引导恢复成原有的自然状态。二是群落近自然。日本学者宫协昭提出利用乡土树种，模仿天然森林群落营造近自然林，称为"宫协昭造林法"，被广泛接受。三是设计管理近自然。韩国在进行公园设计时，根据不同城市不同群体居民的需求，在公园中营造生态区，即采用近自然的手法，进行营造和管理，有闹中取静的效果。

（四）通过林水结合和建立三大体系来推进城市森林的建设

一是林水结合是推进城市森林建设的重要途径。通过林地、林网、散生木等多种模式，有效增加城市林木数量；强调城乡一体，林水结合，使森林与各种级别的河流、沟渠、塘坝、水库等连为一体；建立以核心林地为森林生态基地，以贯通性主干森林廊道为生态连接，以各种林带、林网为生态脉络的林水一体化城市森林生态系统，实现在整体上改善城市环境、提高城市活力。二是按照森林生态体系、林业产业体系和生态文化体系以工程建设推进森林城市建设。在森林生态体系建设方面，重点布局规划建设城区绿岛、城边绿带、城郊森林，构建城市—乡村一体化、水网、路网、林网结合的城乡森林生态网络体系；在林业产业体系建设方面，重点布局规划生态旅游、种苗花卉、经济林果、工业原料林、林下经济等，通过产业发展促进地方经济增长，增加农民涉林涉绿收入；在生态文化体系建设方面，选择代表性的森林公园、湿地公园、城市公园重点规划建设森林文化、湿地文化、园林文化展示系统，建设生态文化馆，开展生态文化节庆活动。

（五）注重绿量的增加，提升建成区内部的城市森林质量

绿量指单位面积所占据空间中所有叶片面积的总和，在一定程度上反映了绿地生态功

能,能较准确地反映植物构成的合理性和生态效益水平。国外发达国家由于城市化进程较早,其城市绿化建设已从拓展绿地面积转向提升绿地质量的阶段,增加城区绿量方面积累了丰富经验。以新加坡为例,其形式多样的立体绿化堪称世界城市楷模,城市中的所有空地几乎都被绿色植物覆盖,并且栽植垂直绿化植物不是悬挂种植箱,而是在建筑、桥体的设计和建造过程中,已考虑了植物的种植槽,并安装了自动浇灌设施。德国的屋顶绿化已经有30多年历史,目前,其屋顶绿化率已达到80%左右。

黄山市目前在城区绿化建设过程中,过于注重视觉效果,绿地空间利用率不够,垂直绿化被忽视,总体绿量不足;城市新建人工植被的层次性、生物多样性和稳定性均较差,已影响到城市绿地生态功能的充分发挥。通过借鉴国外立体绿化的经验,黄山市在开展建成区城市森林建设中,依托本地林木资源的优势,努力增加绿量和优化结构,以充分利用城市宝贵的土地资源,发挥绿地的生态、景观功能。首先要重视乔木树种、乡土树种、地带性植被的使用,并适当引进优良种源,实行乔、灌、花、草、藤立体搭配,构建复合森林结构,营造近自然植物群落。第二,要结合旧城改造工程,为了解决绿化用地与城市建设用地的矛盾,通过拆墙透绿、拆违扩绿等措施新建绿地。此外,要进一步丰富垂直绿化形式,如屋顶绿化、墙壁绿化、桥体绿化、架棚绿化、阳台绿化、栏杆绿化、篱墙绿化等。

（六）通过农林复合经营,发展可持续城郊森林建设模式

大力发展生态经济型林业产业,依托区域独特的自然、人文景观和历史文化资源,把林业生产发展和开发二、三产业有机统一起来。通过建设特色经济林果基地、发展林木种苗花卉产业、打造生态采摘基地、开发乡村生态旅游等农林复合经营模式,促进林业生产经营模式由传统的单一功能向集生产、生态、旅游、文化、教育等多功能为一体的方向发展,引导综合开发,实现一业多赢,把城市郊区环境改善与农民致富相结合,调动农民保护生态林、发展产业林的积极性,提高了郊区农民收入,促进了城郊森林的可持续发展。

黄山市可以参照其他城市发展农林复合经济的成功经验,例如我国北京、南京、成都等地区的农林复合经营模式,成为具有中国特色的产业发展典范。始于1980年的台湾休闲农场,经过30多年的发展,形成了"生产、生活、生态"相结合的现代农林业旅游模式。南京市将"品牌"理念贯穿于农林业发展的全过程,打造了汤泉苗木、雨花茶等知名品牌;每年举办的农业嘉年华,被国际农业基金会授予"国际都市农业推广与创意城市奖"。此外,北京郊区的沟域生态旅游,成都的农家乐等,都是将开发林业资源与农业、旅游产业发展相结合的成功范例。

（七）绿道网络,满足城乡居民日常游憩和低碳出行需求

绿道是指沿着河滨、溪谷、山脊线等自然走廊,或是沿着用作游憩活动的绿地、水岸、风景道路等人工走廊所建立的线型绿色开敞空间。它包括所有可供行人和骑车者进入的自然景观线路和人工景观线路,是连接各类绿地及绿色开敞空间与城镇之间的绿色纽带。绿道作为城市森林的一种重要表现形式,能延伸并覆盖整个城市,使市民能方便地进入公园绿地与郊野林地。北美国家的绿道建设开展较早,其中以美国和加拿大为典范。美国从20世纪中叶开始,各州分别对本州的各类绿地空间进行了连通尝试;1987年,美国总统委员会提出了建立充满生机的绿道网络，将整个美国的乡村和城市空间连接起来。目前，美国的绿道类型主要分为城市河流型、游憩型、自然生态型、风景名胜型、综合型5大类。加拿大的步行生态系统充分体现了人性化，以多伦多的"发现之旅"步行系统为例，为了满足人们接近自然的要求，步道线路整合了城市的自然和人文资源，沿途还配置了完善的服务设施。在我国，北京、上海、广州、深圳、成都等城市也相继开展了适合国情的绿道建设，并取得了一定成效。

黄山市的绿道建设还处于起步阶段，通过借鉴国内外绿道建设的成功经验，结合城区公园以及绿色廊道建设，建设与城市道路、湖岸、河流伴生的绿色健康走廊，将城市绿地与郊区风景林有机联结成独立于城市机动交通网络的城市健康森林绿道网络。首先，绿道规划要求层次分明和功能复合，从地区、城市、场所等不同层面开展有针对性的绿道规划与建设，注重兼顾绿道的生态环保、休闲游憩和社会文化等多种功能；通过绿道连接独立、分散的绿色空间，既能形成综合性的绿道网络，同时营造亲民尺度的绿道空间。其次，绿道的生态功能和网络要具有连通性，将绿道与城市公园绿地和开放空间相结合，注重绿道建设对生物廊道的保护和建立、生态环境改善、生态网络的连续性发挥作用。

（八）湿地植被得到很好保护，水岸绿化贴近自然

城市河流、湖泊等湿地水体是城市生态环境的重要保障，湿地是生态系统中一个重要组成部分。这一地带的土地既有重要的生态保护价值，也有巨大的商业开发价值，往往成为土地开发矛盾的焦点。国外许多城市在城市发展中非常注重湿地与滨水植被、自然景观的保护。在莫斯科、温哥华、多伦多、华盛顿、布达佩斯等欧美许多国家的城市，湿地森林植被得到了很好保护，形成了林水结合的自然景观带，有效地发挥了保护河流、连接城内外森林与湿地的生态廊道功能，即使是游憩型水岸的处理也非常注重绿化贴近自然。在多伦多市，穿过市区的3个主要河流的所有山谷都受到保护，自然形成了贯通整个市区的3条森林生态廊道，成为城市居民日常休闲的理想场所，走在河谷内的林荫道上仿佛置身于原始河岸林中。

黄山市重视湿地保护，湿地保护与合理利用已经取得部分成效。已有太平湖湿地、奇墅湖湖泊湿地、丰乐湖湖泊湿地、新安江上游湿地保护群湿地等，应借鉴国内外好的经验，继续积极开展湿地保育与生物多样性保护工作；同时，应充分利用其自然优势，开展水岸生态景观森林建设，为城乡居民提供舒适宜人的滨水生态休闲游憩场所。

四、黄山市森林城市建设意义

城市森林建设是随着城市发展而不断提高完善的公益事业和民生工程。在黄山市践行"生态文明，美丽中国"的新理念和打造区域性特大城市的新形势下，黄山市委、市政府进一步加大了创建国家森林城市的工作力度，对全市生态建设提出了更高的目标。创建国家森林城市，既是推进黄山现代国际旅游城市和谐发展的重要举措，也是增强城市综合竞争力的重要途径，是改善城乡人居环境的重要抓手。通过森林城市建设，必将进一步提升黄山的城市生态文化品位，夯实黄山城市可持续发展的生态基础，增强黄山在全省发展大格

局中的带动作用。此外，森林城市建设对推动黄山生态文明建设也具有重要的意义。

（一）改善城市整体环境，增强黄山综合竞争力的客观要求

生态环境建设是一个国家、一个城市重要的底色和名片，是体现城市现代化水平和宜居化程度的重要标志，是构建区域发展中心城市环境体系的重要基础，也是吸引国际高端要素聚集的重要条件。城市森林作为城市环境体系的基本要素，是维护公众健康和优化城市环境的重要载体，发挥着改善生态环境、美化景观环境、优化居住环境、丰富人文环境、提升投资环境的重要作用。黄山作为一个世界著名的旅游城市，近些年来城市建设发生了翻天覆地的变化，城市功能日臻完善，城市面貌焕然一新。随着社会经济的高速发展，在今后一定时期内，人口、资源和环境带来的巨大压力将成为黄山市迈向国际化著名旅游城市的巨大瓶颈。黄山市借助建设森林城市的契机，推动生态环境改善、生态文化发展和居民生产空间与生活质量提高，从而提升城市的形象和品位，增强城市的吸引力，为实现可持续发展，提升城市综合实力和区域竞争力，建设国际现代化旅游城市奠定良好的生态基础。

（二）增进居民身心健康，提高黄山宜居宜业水平的重要举措

城市化发展和生活方式的改变在为人们提供各种便利的同时，也给人体健康带来了新的挑战，能够拥有一个舒适、安静的居住及生活空间，是人们的共同愿望。城市森林在改善生态环境的同时，具有消除疲劳、灭菌防病、美化生活、提高劳动效率、延长人们寿命等康体保健功能，可以长期促进居民的身心健康，同时还能提供娱乐、休闲、旅游、保健等多种服务功能。一是，森林中含有高浓度的氧气、丰富的空气负离子和植物散发的"芬多精"等森林保健因子，置身于充满植物的环境中，可以放松身心，舒缓压力。研究表明，长期生活在城市环境中的人，在森林自然保护区生活一周后，其神经系统、呼吸系统、心血管系统功能都有明显的改善作用，机体非特异免疫能力有所提高，抗病能力增强。二是城市森林建设使城乡居民有了更多更好的休闲游憩之地，为人们提供人与自然和谐相处、人与人轻松交流的场所。三是城市森林通过改善城市生态环境，间接地改善居民健康状况。如降低噪声污染，降低光照强度，调节气温，减轻大气污染、土壤污染和水污染，从而缓解了环境对人体的伤害。此外，城市森林绿地还发挥着安全绿洲的作用，在意外灾害（如火灾、地震等）出现的紧急情况下，还可为市民提供临时的避灾场所。

（三）构筑市域生态系统，促进黄山城乡统筹发展的有效途径

长期以来，城市郊区生态环境建设一直被忽视，而森林城市建设就是要建立城乡一体的森林生态系统，改变城乡二元的生态建设格局。从城市、郊区和乡村统筹规划、协调发展的角度看，开展整个市域范围内的森林城市建设，既是城市和乡村人民共同的愿望，也是实现城乡统筹发展的时代要求。一方面要推进"森林进城"，使城市生态环境向乡村化趋近，不仅要美化，还要生态化、多样化、自然化；另一方面要推进乡村人居林建设，使乡村绿化在生态化的前提下，向美化、香化和游憩化方向发展。除此以外，森林城市建设不仅能改善城乡生态环境，还能够促进城乡文化交融。一是在城市森林建设和管护过程中，会有许多农民工走进城市，进而增加他们对城市文化的了解，有助于把城市文化引入乡村；二是城市居民在走进森林公园、农家乐等地进行生态旅游时，不仅将城市文化带到乡村来，同时也受到乡村文化的影响。城乡文化的交融，从总体说是一种互惠共赢的关系，有利于增进了解，加深友谊，提高社会的和谐和文明程度。

（四）发展绿色低碳经济，追求黄山和谐持续发展的必然选择

城市森林建设是一个绿色环境资本积累的过程，是建设黄山低碳城市，实现社会和谐、可持续发展的生态基础。首先，森林城市建设本身将带动绿色产业的发展。通过发展经济林、生态旅游等林业产业，将会提供更多的就业机会，增加农民致富的途径，有利于新农村建设，推进实现全面小康的目标。目前，黄山的郊区生态休闲产业发展已经形成规模和特色，实现了生态、经济、文化等多重效益的统一。其次，城市森林为城市发展提供了大量的碳汇储备。森林的固碳功能在打造低碳城市中有着巨大的作用，城市森林可以直接吸收城市所排放的碳，可以减少热岛效应，调节城市的气候。在高浓度 CO_2 的城市地区，开展林业生态建设是增强城市碳汇能力，提高城市碳汇储备的重要途径。黄山只有大力开展林业生态建设，通过提升森林、湿地的生态功能和固碳能力，才能更有效地提升低碳城市的建设水平，从而为黄山经济社会发展提供更大的生态容量。因此，黄山森林城市建设是构筑低碳、宜居城市，促进人与自然和谐、可持续发展的生态基础。

（五）倡导人与自然和谐，建设黄山生态文明社会的主体内容

建设生态文明、实现人与自然和谐，是城市发展和文明进步的重要标志。党的十八大提出了建设"生态文明、美丽中国"的战略目标，强调要在"全社会牢固树立生态文明观念"，要求到 2020 年全面建设小康社会目标实现之时，把我国建成生态环境良好的国家。生态文明作为继人类原始文明、农业文明、工业文明之后形成的新的文明形态，它的核心是确立人与自然和谐、平等的关系，反对人类破坏、征服和主宰自然，倡导尊重自然、保护自然、合理利用自然的理念和行动。创建森林城市，是构筑黄山生态文明社会的主要内容，主要体现在：一方面，建设生态文明要求城市森林为提升城市文化品位做出贡献。文化是一个城市的灵魂，而森林是城市文化的重要符号。将黄山的徽派文化，枕山依湖、通江达海的地域特色，山水交融的自然风光等融入城市森林的建设中，对于提升黄山城市文化品位，建设城市生态文明，意义十分重大。另一方面，森林城市建设是全民参与建设，全民共享建设成果的绿色事业，特别是在参与以森林为背景题材的自然保护区、森林公园、湿地公园以及各类纪念林、古树名木等生态文化载体的过程中，有助于树立尊重自然、热爱自然、善待自然的生态道德观、价值观、政绩观、消费观，使每个公民都自觉地投身生态文明建设。

第二章　黄山森林城市建设成就、问题与潜力

一、城乡绿化建设成就

（一）森林资源总量稳步增长

黄山市是安徽省重点林区，近年来大力发展林业绿化事业，绿色质量提升工程，生态林建设工程，退耕还林工程，自然保护区、湿地公园和森林公园建设工程，"三线一流域"生态综合治理工程，长江流域防护林建设工程等重点工程建设稳步推进。"十一五"期间，全市共完成人工造林 1.73 万公顷，封山育林 3.89 万公顷，义务植树 1418.7 万株，建成绿色长廊 428.65 公里。全市有林地面积增加到 70 万公顷，比"十五"末增加 1.8 万公顷。森林覆盖率达 77.40%。活立木蓄积量由 3373 万立方米上升到 3689 万立方米，比"十五"末增加 316 万立方米。全市平均植被盖度（纯植被垂直投影面积比例，详见第三章）从 2002 年的 66.09% 增加到 2011 年的 73.98%，年均增加 0.88 个百分点（附图 9）。森林资源呈现森林面积和蓄积双增长的喜人局面，资源总量居安徽省各地市之首。

（二）城区绿化质量显著提升

黄山市以建设全国最适宜居住、最适宜创业城市为方向，对城区绿化做出了新的要求，确立了"生态立市"战略，以创建国家森林城市和国家园林城市为建设目标，制定了规范化的城市建设项目绿化配套审批制度，保证各类新建、改建项目执行严格的绿化达标要求，有序推进城区的绿化建设。2011 年年底，全市建成区绿化覆盖率达 49.8%，人均公共绿地面积 15.8 平方米。城市面貌焕然一新，黄山市人居环境得到不断优化。随着黄山经济的快速发展和城市化的不断推进，黄山市城区及所辖县市区的绿化建设发展也不断加快，下辖的区县城区绿化也正朝着规范化、系统化方向发展，各个县城新建了一批具有地方特色的集中绿地，街道绿化、小区绿化、单位庭院绿化质量不断提升。

（三）绿量提升工程效果凸显

黄山市推进"转型发展、绿色发展、和谐发展"，注重打造绿色和谐黄山，提高城市竞争力，加快建设现代国际旅游城市。2010 年，黄山市全面启动绿化质量提升行动，全方位推进城镇绿化、村庄绿化、河渠绿化、公路绿化、铁路绿化等多层次绿化，已初步形成以林业重点工程为骨架，徽杭线、屯黄线、慈张线及新安江流域点、线、面相结合的森林生态网络体系，2011 年年底全市已完成工程量的 60%（表 2-1）。黄山市国土绿化事业的快速发展，极大地改善了生态环境，有力推动了全市经济和社会事业的发展。

表 2-1 绿量提升工程进展情况（截至 2011 年年底）

类型		规划实施	已实施	完成率
合计	点（个）	1162	797	68.59%
	面积（亩）	141209.8	92140.8	65.25%
	投资额（万元）	107407.7	67276.54	62.64%
景区景点（含节点）	点（个）	140	112	80.00%
	面积（亩）	11501.2	9743.6	84.72%
	投资额（万元）	18635.3	13047.55	70.02%
百佳摄影点	点（个）	90	64	71.11%
	面积（亩）	7349.8	4531.8	61.66%
	投资额（万元）	6875.6	4690.9	68.23%
百村千幢和新农村建设	点（个）	152	109	71.71%
	面积（亩）	20839.6	16057.5	77.05%
	投资额（万元）	9663.55	6668.65	69.01%
交通（旅游）干道两侧山场及其他	点（个）	655	429	65.50%
	面积（亩）	90737.5	54056.2	59.57%
	投资额（万元）	41773.25	25400.14	60.80%
城镇绿化	点（个）	125	83	66.40%
	面积（亩）	10781.7	7751.7	71.90%
	投资额（万元）	30463	17469.3	57.35%

（四）林业产业发展步伐加快

黄山市坚持把竹类、油茶、山核桃、香榧、枇杷"一竹四果"作为主导产业来抓，做大做优特色经济林。同时，大力发展商品林、特色苗木产业和森林休闲旅游业，目前，全市商品林面积已达 44.93 万公顷，花卉盆景和绿化苗木基地面积已发展到 0.31 万公顷，全市拥有重点林业龙头企业 50 家，全年接待森林旅游游客 700 万人次，2011 年全市实现林业总产值 70 多亿元。林业产业初步形成了以市场需求为导向、基地建设为基础、精深加工为带动、多主体共同发展的新格局，林业产业结构进一步优化调整，林业经济正呈逐年增长的良好发展态势。

（五）生态文化建设创新发展

黄山市紧紧依托徽州文化生态保护试验区建设这一平台，通过实施"百村千幢"古民居保护利用工程、百佳摄影点建设工程、文化产业精品打造工程、非物质文化遗产保护传承利用工程，形成了具有浓郁徽文化特色的生态文化旅游产品，保持了徽州文化特有的旺盛生命力。百村千幢古民居保护利用工程的实施使黄山市境内 101 个古村落、1065 幢古民居得到了保护性利用。百佳摄影点建设工程营建了 148 个摄影点，为摄影、写生等高端文化体验旅游的发展创造了条件，做大了摄影产业和艺术经济。同时，黄山市还先后推出了多种徽州主题旅游表演项目，大型多媒体歌舞等文艺演出；培育了状元文化、潜口民宅非物质文化遗产、谢裕大茶叶博物馆、祁红博物馆等文化旅游产品，将旅游、文化与生态融合起来，把徽文化、佛文化、红色文化、宣纸文化与生态文化结合起来，打造出最具竞争力的国际生态旅游产品。

（六）森林资源管护成效显著

黄山市强力推进林业"三防"建设，森林资源管护成效显著。一是实施森林重点火险区综合治理项目，不断完善全市森林防火应急管理，使森林火灾综合防控能力显著提高，年均森林火灾受害率控制在0.1‰以内。二是认真执行《全市林业有害生物防控工作十项制度》，投资9585万元强化推进黄山松材线虫病三道防线项目，切实加强林业有害生物防治，使主要森林病虫害成灾率控制在0.3‰以下，维护了黄山森林资源安全。三是严格执行采伐限额制度，认真执行林地征占用定额管理制度，确保森林资源消耗量控制在省政府下达的133万立方米年采伐限额以内。四是通过开展"飞鹰行动""保卫绿色行动""林涛一号"和"绿盾行动"等专项斗争，严厉打击破坏森林资源违法犯罪行为，坚决制止毁林开垦和乱占林地行为，"十一五"期间全市森林公安机关共依法查处各类森林案件3343起，查处率97.8%，挽回经济损失732.5万元，有效维护了森林资源免受非法侵害。

二、森林城市建设存在的问题

（一）森林资源质量有待进一步提升

黄山市林地面积、活立木蓄积量、森林覆盖率，均居安徽省首位，但仍存在着质量不高、结构不优、林相不整齐等问题。从量上看，森林质量不高，单位蓄积量低，黄山市单位林分的活立木蓄积量只有53.7立方米/公顷（3.58立方米/亩），虽然超过全省50.79立方米/公顷（3.38立方米/亩）水平，但仅为全国平均水平84.73立方米/公顷（5.65立方米/亩）的64%，相当于世界平均水平115.9立方米/公顷（7.72立方米/亩）的46.3%。从质上看，林种、树种结构比例欠合理，人工林以杉木林为主，树种单一，杉木面积、蓄积的比重分别占人工林面积的74.3%和79.7%。

（二）城区绿化质量有待进一步完善

黄山中心城区和各个主要城镇的森林绿地建设虽然发展较快，但还存在以下问题：一是中心城区森林绿地总量不足、质量和效益不高的问题突出，主要体现在规划区内主要河道、主干公路沿线绿化、城区绿地与城郊绿地的连接性等方面，与建设高标准的城市森林生态体系有一定的差距。二是城市建成区绿地网络体系仍不够完善，绿化布局不尽合理，主要体现在城区中心森林绿地不足，部分森林绿地绿化不充分，公园绿地面积偏小、分布不均、部分地段服务半径还达不到标准要求，部分单位庭院附属绿地面积不足，乔木树种用量不足，居住绿地指标偏低等方面。此外，黄山市城市与周边山地丰富的资源融合度低，功能发挥不充分的问题也十分突出。首先是城区周边山地生态兼用林面积比重大，降低了山地植被的自然度和丰富度，景观单一，削弱了城市的森林氛围；其次是城区与其周边森林体系连接不够，城市与森林的功能脱节，城市归城市，森林归森林，使城市森林的多功能作用难以发挥。

（三）湿地资源恢复与保护有待进一步改善

随着水域经济和湿地旅游业的发展，黄山市湿地面源污染逐步加剧，水质富营养化问题日益突出，湿地生态保护与合理利用的任务仍然很重，多项湿地资源保护和管理工作亟需开展。一是湿地科普教育工作亟待加强，针对公众对湿地及其生态功能的认识参差不齐的现象，通过多种媒介和活动强化社会各界对湿地保护复杂性和艰巨性的认识；二是湿地保护缺少专项资金，缺乏对湿地综合协调和合理利用的管理机制；三是湿地保护科技支撑能力薄弱，特别是缺乏黄山市湿地水资源的平衡和保障、湿地植被恢复技术和方式、水禽栖息地的修复、湖泊水质净化等湿地恢复与保护应用技术，专业人员奇缺，湿地保护科研监测和管理能力薄弱。

（四）林产富民能力有待进一步提高

黄山市林业产业化程度依然较低，林业产业发展水平与丰富的资源不相称。2010年林业产业总产值68.66亿元，占全省514亿元的13.4%，位列17个市第5位。龙头企业不多，全市省级林业龙头企业15家，仅占全省226家的7%。林业加工企业规模小，初级加工产品多，技术含量低，产品附加值不高，新兴产业发展不快。林业品牌少，目前只有2个省级品牌。林业基地发展方面有待加强，林地产出低，经济林比重偏低，占有林地面积的12.2%，比全省低4.5个百分点；油茶种植面积0.63万公顷，占有林地面积的0.9%，比全省低0.6个百分点；毛竹占有林地面积的8.1%，仅比全省高0.4个百分点。"企业＋基地＋农户"等多种产业化经营模式缺少，产业中的利益联接机制有待完善。

（五）森林生态文化建设有待进一步繁荣

黄山市旅游业主要依靠黄山、西递、宏村等知名景区带动发展，森林文化自身蕴含的旅游功能没有得到有效发掘，只是发挥了景区的辅助配套功能，有的景区景点周围还存在绿化盲点、盲区，景观效果不突出。黄山市拥有博大精深的徽文化资源和皖南特色生态文化禀赋，然而旅游与徽文化、生态文化的深度融合不够，目前开发利用的资源主要以古民居、古村落的观光旅游为主，参与性旅游产品开发不足，人们对生态旅游的含义缺乏充分的认识和理解，产业效益有待提高。

三、森林城市建设潜力分析

（一）绿化资源增加潜力

1. 宜林荒山

根据黄山市2011年森林资源数据显示，全市林业用地面积为83.39万公顷，占总土地面积的81.97%。从土地资源潜力的角度看，黄山市还有共计2.57万公顷具有发展林分潜力的无立木林地，包括未成林的造林地、无立木林地、宜林荒山荒地等。这些林地可以用于造林绿化，增加森林覆盖率；另外还有0.24万公顷的疏林地、7.97万公顷的灌木林地可通过科学造林、调整林分结构来提高整体森林质量。若将2.57万公顷的无立木林地全部完成造林绿化并且郁闭度达到0.2以上，可使黄山市森林覆盖率提高2.621个百分点。

2. 工矿废弃地

黄山市矿产资源的总量较少，金属矿产在黄山市矿点分布较多，但形成矿产地的不多，呈分散性，小型矿产仅有 10 处左右，大多不具开采价值，全市工矿绿化潜力偏小。根据《黄山市土地利用总体规划》，全市将加快闭坑矿山、挖损压占等废弃土地的复垦，恢复现有的工矿废弃地生态环境，治理面积为 541 公顷，全部治理可增加林木绿化率 0.055 个百分点。

3. 林网优化潜力

黄山市多山地，水流流经的地区多为山涧沟谷地带，故不具有类似于平原区可以开展大规模水系绿化工程的潜力。同时，山区城市也不具有建设农田林网的潜力。所以，黄山市的林网绿化潜力主要体现在现有道路的景观绿化提升与新建道路的绿化建设上，要在确保道路防护要求的情况下，紧密结合山区道路特点，在尽可能"显山露水"的情况下，宜绿则绿，宜露则露，切不可按照统一模式进行"一刀切"式的绿化。通过对路网的绿色走廊建设，使沿路通道线成为固土保水的生态线、美化环境的风景线、展示风采的形象线、城乡和谐的生命线、点面融合的连接线。"十二五"期间，黄山市规划新建、扩建道路 1650.94 公里，可绿化长度 660.38~825.47 公里，按城市 10~30 米的绿化宽度标准，可绿化面积为 660.38~2476.41 公顷。若路网绿化建设工程全部完成，可增加绿化面积 660.38~2476.41 公顷，为黄山市森林覆盖率贡献 0.067~0.253 个百分点。

4. 城乡绿化潜力

为建设景观优美、特色鲜明的现代国际旅游城市奠定坚实基础，黄山市规划将建成区绿化覆盖率由目前的 49.8% 提高到 2020 年 51.5% 的水平。若如期完成，可增加 79.9 公顷的绿化覆盖面积。同时，提升乡村绿化水平，大力改善村容村貌，规划 2012~2020 年期间，使黄山市市域内 80% 的乡镇至少拥有 1 处面积 600 平方米以上的公共绿地，建设总面积为 27 公顷；规划新建村庄庭院林、溪流两岸防护林、乡村风水林面积共计 1235 公顷。

根据以上数据分析，若将城乡绿化建设项目完成，可新增绿地面积 1341.9 公顷，为黄山市森林覆盖率新增 0.137 个百分点。

综上所述，若将前述的各项土地绿化潜力完全挖掘开发，可使黄山市域森林覆盖率增加 2.880~3.066 个百分点。

（二）森林质量提升潜力

根据 2011 年黄山市森林资源数据，黄山市活立木蓄积量为 3835 万立方米，单位面积的活立木蓄积量为 53.7 立方米 / 公顷，为全国平均水平 84.73 立方米 / 公顷的 64%，相当于世界平均水平 115.9 立方米 / 公顷的 46.3%，单位面积蓄积量有待进一步提升。从林种结构上来看，人工林优势树种以杉木为主，树种单一，林分结构不合理，林分蓄积有待进一步提升，根据黄山市森林蓄积量年增长率为 1.81% 的历史平均标准，预测至 2020 年森林蓄积将达到 4335 万立方米，较 2011 年可增加 646 万立方米。因此，黄山市在森林资源质量提升方面还有很大的潜力可挖掘。

黄山市自实施退耕还林以来共完成退耕还林 6.48 万公顷。"十二五"期间要开展退耕还林工程"回头看"，巩固提高退耕还林成果。除完成国家当年下达的退耕还林任务之外，重点抓好已营建林分的补植补造、幼林抚育工作。黄山市已有 29.35 万公顷的重点公益林被纳入国家森林生态效益补偿基金补偿范围，现有省级与省级以上生态公益林面积35.3万公顷。今后工作重点是稳定和完善公益林区划界定工作，建立国家公益林地理信息系统，加强生态公益林的建设和保护工作，提升生态公益林整体质量。规划新增面积0.2万公顷，全市森林面积比重由50.43%提升到50.71%。

（三）湿地保护与恢复潜力

针对黄山市湿地污染、萎缩和功能退化等问题，今后将在湿地保护与恢复方面重点开展如下工作：①实施湿地恢复、重建和保护，通过退田退塘、还湖蓄水、湖泊连通、调控水位、植被恢复和栖息地修复等措施，恢复、治理和保护湿地水禽栖息地。规划栖息地恢复面积20000公顷。②恢复湿地区域植被，沿湖岸四周建设植被围栏，形成江河湖泊湿地绿色景观。规划人工营造植被带1000公顷，在重点湖泊湿地建立湖滨植被带，规划恢复区面积共计1300公顷。③规划建设建立国家级湿地自然保护区4处，建设9个湿地保护小区，湿地区域面积903公顷。若相关湿地保护项目全部完成，届时将使2.32万公顷面积的湿地得到保护与恢复。

在加强湿地保护的同时，黄山市将会加强对湿地的合理利用，使之协调发展，互相促进，切实做到保护湿地，发挥湿地功能效益的作用。

一是建立湿地公园，主要包括奇墅湖湿地公园、屯溪梅林和新潭湿地公园、丰乐湖湿地公园。二是建立湿地生态旅游区，在太平湖、奇墅湖、新安江等湿地生境状况和保护工作较好的湿地，规划建设湿地生态示范区，开展湿地生态旅游。三是强化新安江流域生态补偿机制，实施太平湖环境保护和湿地补助项目，加强太平湖国家湿地公园试点建设。四是加强湿地的惠民开发利用，通过农牧渔业综合利用和统筹管理试验，达到恢复和保护湿地生态系统功能。规划继续发展完善生态渔业及观光渔业等，建成为"农牧渔业湿地管护区"。建设湿地经济作物种植和观览区，提高湿地资源产出。

此外，黄山市将努力提高湿地资源管理能力。建立黄山湿地科研监测中心，全面了解黄山湿地分布、类型、特征，深入研究黄山湿地效益、价值，充分掌握黄山湿地动态变化及发展规律。建立黄山市湿地宣传教育培训中心，培训相应的技术人员。建立全市湿地信息保护管理中心，完善湿地保护管理信息数据库，形成各湿地及与国家、自治区湿地管理的信息网络。

（四）林业产业发展潜力

黄山市积极调整林业产业结构，以四大林业基地建设、木竹加工业、森林食品加工业、森林旅游业等为主导产业，逐步构筑林业产业体系建设的主体骨架。同时，以区域性森林资源优势为基础，扶持发展龙头企业，创建优质名牌，不断延伸林业产业发展链条，形成一、二、三产业协调发展的新兴产业体系，努力提高林业产业附加值。

1. 果类产品与森林食品加工业

黄山市果类产品主要是枇杷、山核桃、香榧与油茶。2012年实现枇杷总产量5532吨，山核桃产量946吨，香榧产量126吨。根据历年数据推测，2020年果类产品的年总产量将进一步有所提升，实现山核桃产量2033吨，香榧产量276吨。其中，黄山市油茶种植历史较长,油茶种植业具有较好的基础。2012年有油茶林基地5333公顷,油茶年产量达11537吨。黄山市将通过加大油茶丰产林基地建设,扩大面积,提升总量。据估计,到2020年,全市油茶林种植面积会达到2.64万~3.23万公顷,油茶年产量将达到26733吨。

黄山市大力扶持竹笋、干水果、食用菌加工企业的发展,提高贮藏保鲜能力,延长市场供给时间,增加鲜笋、油茶、板栗、山核桃、杨梅、枇杷等大宗林特产品的加工能力和深加工比重,打造绿色食品生产加工基地,扩大内销和出口创汇。黄山市现有森林食品加工企业近30家,2012年,实现生产量9927吨,总产值8.29亿元。据历年数据推测,2020年,生产量可达到23534吨,实现产值27.34亿元。

2. 苗木花卉产业

黄山市全面推进苗木花卉产业发展,努力实现在发展方式上由注重量的扩张、满足数量供应向加快推进良种化进程、提高种苗质量、扩展种苗数量,实现又好又快发展转变。抓好良种基地建设,黄山市现有盆景与苗木基地面积3.7万公顷,"十二五"期间规划建设花木盆景和绿化苗木基地0.4万公顷。使苗木存圃量由现在的4422万株增加到10000万株。全市盆景存量突破60万盆,年产盆花100万盆,绿化苗产量突破1000万株。开展林木良种选育科技攻关,引进先进技术,依靠科技推进林木良种化进程,实现年产值由现在的2.7亿元发展到10亿元。

3. 林下资源产业

黄山市充分利用本市丰富的林下土地资源和林荫优势开展林下种植、养殖等立体复合生产经营,缩短林业经济周期,增加林业附加值。目前主要的经营模式有三种:利用丰富的林下资源发展的林果、林草、林花、林菜、林菌、林药种植业;利用林下空间发展的林禽、林畜、林蜂立体养殖业;利用丰富的林下资源进行的野笋、蕨菜、野菜、野果、葛根、箬叶、柃木等采集业。2012年林下种植面积有6778公顷,所有经营模式实现总产值9.91亿元,预估到2020年种植面积可达9.41万公顷,实现产值18.89亿元。

4. 林产品加工产业

黄山市把林产加工工作重点主要放在提高生产企业的产品质量和科技含量,支持出口创汇加工企业的发展上面。扶持加工龙头企业,建立原料林基地,大力发展深、精加工。黄山市现有木竹加工企业453家,主要产品有人造板、竹制品、木制品三大类。2012年木竹加工产业实现总产值22.83亿元。根据历年数据推算,到2020年,可实现木竹加工产业产值59.65亿元。同时,推进木竹原料的生产利用,规划到2015年,建设速生丰产林基地180万亩,毛竹林130万亩。2012年生产竹材732.10万根,据估计,到2020年竹材年产量可达964.42万根。

黄山市正在对现有的油茶加工企业进行技术改造,培育龙头企业,拓展产品市场。2012年黄山市茶油加工产量为6048吨,规划到2020年,全市发展、改造油茶加工、营销企业12家,创建油茶知名品牌3~5个。据推算,2020年茶油年加工产量将达到1.16万吨。

5. 森林生态旅游

黄山市旅游资源类型齐全,数量丰富,品位极高,开发潜力巨大。黄山市是中国魅力城市,这里不仅自然景观丰富，而且孕育了博大精深的徽州文化。黄山风景区更是自然资源与人文资源有机结合的典范。全市有风景林、自然保护区、国家森林公园等旅游用地 86505 公顷，旅游用地面积居全省之首。旅游业被确立为国民经济战略性支柱产业，开发利用前景广阔。

（1）森林公园和自然保护区。

黄山市以现有的森林公园、湿地公园和自然保护区为主体，大力发展"资源良性循环型"的森林旅游业。进一步加快新安江山水画廊、牯牛降、龙山湖及新安源森林旅游景点的开发，积极推进黄山区虎林园和休宁县皖南国家救护中心大熊猫项目建设，注重地方特色，提高设施档次，加大对外宣传力度，不断提高知名度，争取年接待游客人数达到 800 万人次，经营收入达到 10 亿元以上。

目前，黄山市有国家、省级森林公园共 4 处，经营面积 2.97 万公顷。按照世界旅游组织（WTO）标准，森林公园的基本空间标准为 667 平方米 / 人，单位空间合理标准 15 人 / 公顷。根据统计资料，2011 年的森林旅游统计人数为 1585 万人次，根据历年数据预测，2020 年森林旅游人数会达到 4823 万人次。黄山旅游旺季是每年的 3 月份到 11 月份，预计 2020 年旺季每日平均森林旅游人数可达 17.86 万人。由此得出，黄山市森林公园面积应该达到 1.19 万公顷。可见，黄山市现有的森林公园经营面积可以满足未来 9 年的森林旅游人数，继续拓展森林公园面积的潜力不大。

全市建立国家级和省级各类自然保护区 17 个和县级自然保护区 60 个，面积达 11.8 万公顷。黄山市自然保护区占全市国土面积的 12%。按照《国家生态环境中期标准》和《国家生态园林城市标准》中规定，自然保护区占区域总面积比例应为 12%，按此标准计算，黄山市的自然保护区面积比较合理，发展潜力较小，自然保护区体系布局较为合理、生态效益显著。

目前，黄山市共有省级和国家级公益林 35.3 万公顷，占全市森林面积比重的 50.43%。规划建立国家重点公益林 29.4 万公顷，省级公益林 6.1 万公顷，较目前新增 0.2 万公顷。从森林资源利用角度看，可将生态公益林开辟为自然保护区或森林公园，实现生态保护与资源利用相结合，实现效益最优化。

（2）生态旅游市场发展潜力。

黄山市旅游资源丰富，景观独特，充分利用其独特的山水风光，大量展现中国古老文化的人文景观。近年来，黄山市启动实施"443"行动计划，依托旅游、文化、生态、物产四大优势资源，集中建设了四大特色基地——国际旅游度假基地、全国生态示范基地、华东绿色食品生产基地、安徽省文化产业基地，生态旅游业实现跨越式发展。相应地，居民在对休闲生态旅游的消费需求上也日益增加。2010 年，全市旅游总接待 2544.72 万人次，实现旅游总收入 202.14 亿元，其中入境接待 105.03 万人次，创汇 3.01 亿美元。

黄山市旅游人数和旅游收入整体发展水平呈上升趋势（图 2-1）。旅游人数由 2000 年的 555.00 万人次增加到 2010 年的 2544.72 万人次，年均增长率 16.45%。旅游总收入由 2000 年的 17.72 亿元增加到 2010 年的 202.14 亿元，年均增长率 27.56%。根据历年数据可以预测，黄山市 2020 年的旅游人数将达到 9016.29 万人次，旅游收入将达到 783.22 亿元。

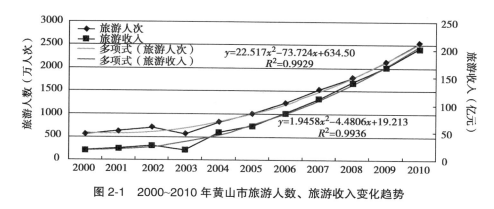

图 2-1　2000~2010 年黄山市旅游人数、旅游收入变化趋势

2000~2011 年间，黄山市城乡居民人均收入指标呈稳定上升趋势（图 2-2）。至 2011 年，城镇居民人均可支配收入达到 18669 元，农村居民纯收入达到 7952 元，人民生活水平有了很大提高和改善。随着生活水平的不断提高，居民将会有更大的旅游支出意愿。从黄山市目前收入增长趋势看，旅游业的发展空间及潜力巨大。

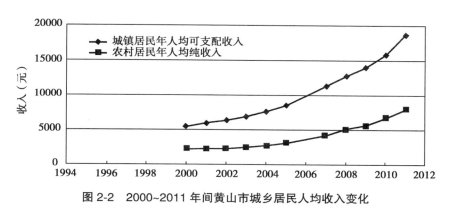

图 2-2　2000~2011 年间黄山市城乡居民人均收入变化

黄山市应围绕建设现代国际旅游城市的战略目标，坚持"打好黄山牌，做好徽文化"，依托现有丰富旅游资源和良好生态环境，大力加快旅游产业集约化、规模化进程，努力形成并完善以观光旅游、文化旅游、生态旅游、乡村旅游、度假旅游为主的旅游产品体系，进一步提高黄山市的旅游品位，提升其国际知名度。

第三章　黄山市热场与植被变化分析

随着全球气候变化和人类活动的不断加强，人类对良好的生态环境质量的要求越来越迫切，生态保护与生态建设实践在东西两个半球以不同的重点和方式，正在满足着人类的这一需求。植被是地球生态系统的主体，它的质量高低与健康状况，事关全球和区域生态安全大局，因此，生态保护和生态建设的最终落脚点都不约而同地归并到了植被建设上面。研究区域的植被变化，对于揭示区域生态质量的演变过程与机理，明确一定地域内生态环境建设的方向与重点，探讨更为科学合理的植被建设途径，具有极其重要的理论与现实意义。在城市地区，由于强烈的人工干扰，大量的以高楼大厦为标志的人工建筑物的存在，以及大量的现代工业设施集中于此，使得这一地区的生态环境质量出现了诸多不利于人居的变化趋势，但这一地区又是地球上经济产出最高、能流与物流和信息流交流最频繁的地区，因此，保护与维持城市的生态环境质量一直是不同行政部门和城市居民最关心的核心议题。在保护与改善环境质量的措施方面，由于植被在有效减缓城市热岛效应、抑制全球气候变暖的过程中，具有极其重要的作用，因此，植被建设一直是最重要的首选措施。黄山市是著名的风景名胜区，深入探讨黄山市植被和市域热场的空间变化特点，分析其变化的原因，对于掌握目前的生态现状，明确今后生态建设中的重点区域，以更科学合理地指导今后的生态环境建设，具有极其重要的理论和实践意义。在此，我们以黄山市域行政区划范围为界限，利用 TM 卫星影像从市域热场与植被指数方面开展相关的分析研究。

一、数据来源与研究方法

（一）数据来源

黄山市域面积为 9807 平方公里，基于研究目标主要为热场与宏观植被变化的研究要求，从性价比与目标的协调一致性出发，我们选择了中尺度的 Landsat TM5 卫星影像作为了本次研究工作的唯一信息源，由于该卫星数据时间系列长、覆盖区域广，非常适合本次研究工作的需要。卫星影像受天气原因的影响较大，因此对于跨度较大的研究区域，要收集到完全满足研究项目时间要求的数据有时候非常困难，对于降水较多、天气变化频繁的我国南方地区尤其如此。在对中科院遥感卫星地面站存档 TM 数据全面检索的情况下，我们选择的遥感影像包括了 2 个时段的 3 景数据，详细如下：120/39（2002 年 10 月 8 日与 2011 年 10 月 9 日），120/40（2002 年 10 月 8 日与 2011 年 10 月 9 日）和 121/39（2002 年 9 月 29 日与 2009 年 6 月 4 日（图 3-1）。

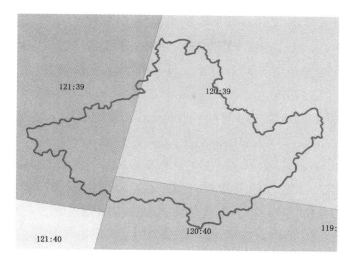

图 3-1　黄山市 TM 卫星影像分幅接合图

（二）研究方法

1. 地面亮温与相对亮温

从 TM 遥感影像第 6 波段数据得到的是地面的热辐射值，要将其转化为可以反映温度高低的亮温，在空间校正、大气校正等过程完成后，再经过绝对辐射亮温值、单位光谱范围内的辐射亮度值、绝对亮度值、绝对温度等步骤的转化，最终生成可用于比较研究的图件。

由于地面亮温是地面每一像元的温度值，不能够进行详细的区域量化分析。一般用相对亮温对研究区域的热场情况从时间和空间上的绝对差异进行衡量。具体计算公式为：

$$TR=(T_i-T_a)/ T_a \qquad (3\text{-}1)$$

式中：TR——相对亮温；

T_i——区域第 i 点的亮温；

T_a——研究区域的平均亮温。

基于相对亮温的城市热岛等级标准为：$TR \leqslant 0$，绿岛；$0<TR \leqslant 0.1$，弱热岛；$0.1<TR \leqslant 0.2$，中等热岛；$0.2<TR \leqslant 0.4$，强热岛；$TR>0.4$，极强热岛。

2. 植被指数（NDVI）与植被盖度

在植被遥感中，NDVI 是被广泛应用的一种指数，它是植被生长状况和植被覆盖度的最佳指示因子。对于 Landsat5 而言，其计算公式为：

$$\text{NDVI}=(B_4-B_3)/(B_4+B_3) \qquad (3\text{-}2)$$

式中：B_4、B_3 分别是 TM_3、TM_4 波段的 DN 值。NDVI 的值被限定在 $[-1，1]$ 范围内。

植被覆盖度的计算是基于 NDVI 的，其计算公式为：

$$\text{FVC}=\frac{\text{NDVI}-\text{NDVI}_{\min}}{\text{NDVI}_{\max}-\text{NDVI}_{\min}} \qquad (3\text{-}3)$$

式中：FVC——分维植被盖度；

NDVI——像元 NDVI 的实际值；

$\text{NDVI}_{\max}$、$\text{NDVI}_{\min}$ 分别为研究区域内 NDVI 的最大值与最小值。

为了方便研究植被盖度的区域差异，我们根据杨胜天等人的研究成果，将植被盖度划分为 4 个等级：①低覆盖度，植被盖度 FVC<45%；②中覆盖度，植被盖度为 45%≤FVC<60%；③中高覆盖度，植被盖度为 60%≤FVC<75%；④高覆盖度，植被盖度为 75%≤FVC<100%。

3. 植被差值指数

植被差值指数是利用 2009 年和 1991 年两期大于 0.1 的 NDVI 通过差值计算而得到。

$$\Delta NDVI = NDVI_{2009} - NDVI_{1991} \tag{3-4}$$

其中，$NDVI_{2009}$ 和 $NDVI_{1991}$ 分别为 2009 年和 1991 年九江市 NDVI 图上像元值，$\Delta NDVI$ 的取值范围为 [−2，2]。植被差值分级结果为：1 为极度退化（$\Delta NDVI \leq -0.15$），2 为中度退化（$-0.15 < \Delta NDVI \leq -0.05$），3 为轻微退化（$-0.05 < \Delta NDVI \leq 0$），4 为没有变化，5 为轻微改善（$0 < \Delta NDVI \leq 0.05$），6 为中度改善（$0.05 < \Delta NDVI \leq 0.15$），7 为极度改善（$\Delta NDVI > 0.15$）。

二、黄山市域热场的绝对温度变化特征

根据相关反演理论和方法所做出的黄山市域 2002 年和 2011 年绝对温度见附图 6。

从附图 6 中可以明显看出，2002~2011 年的 9 年间，其热场分布格局基本上变化不大。即最强热场区域都集中在屯溪区—休宁县城—歙县形成的三角形区域，另外在祁门县的西北部丘谷地带至黟县县城间的三角区域也是热场强度较强的地区，而其他地区的热场则相对较弱，尤其是中部偏北的黄山山脉和南部的天目山余脉一带，更是因为繁茂的山区植被的存在，形成了全市域热场温度最低的地区。

根据图 3-2 的热场温度分布，利用 GIS 所做的 2002 年和 2011 年温度统计结果见表 3-1。从统计的情况看，2002 年黄山全市域的最高热场温度为 51.17℃，最低为 8.87℃，全市域的平均热场温度为 25.37℃，到了 2011 年，全市域的最高热场温度为 31.08℃，最低为 11.33℃，全市域的平均热场温度为 20.48℃。很显然，无论是最高温度还是最低温度，以及全市域的平均温度，2011 年的热场强度都比 2002 年减轻了许多，也就是说，随着时间的推移，

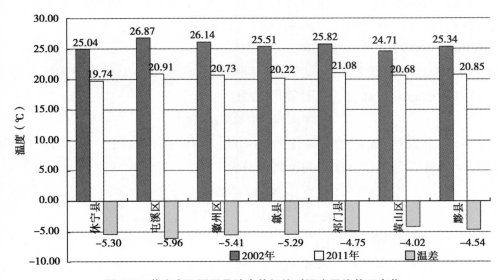

图3-2　黄山市不同区县地表热场绝对温度平均状况变化

表 3-1　黄山全市域热场情况统计

年份	栅格数	面积（公顷）	最低温度（℃）	最高温度（℃）	热场极差（℃）	热场平均温度（℃）	标准差
2002	10748332	967350	8.87	51.17	42.31	25.37	2.85
2011	10748332	967350	11.33	31.08	19.74	20.48	1.46

黄山市的整体热环境状况是在逐步改善的。而从温度分布的标准差来看，2011 年温度大小分布的差异性要远较 2002 年小。

从图 3-2 的数据来看，各区县在 2002 年到 2011 年间热场的变化趋势与全市域完全一致，即其平均热场温度都呈现了下降的变化过程。但不同区县热场温度下降的幅度是不一样的，平均热场温度降幅最大的是屯溪区，9 年间热场平均温度下降了 5.96℃；其次为徽州区和休宁县，分别下降了 5.4℃ 和 5.3℃；降幅最小的黄山区为 4.0℃。从其区域分布情况来看，9 年来平均热场降幅最显著的区域集中在黄山市的城市建成区区域，这也充分体现了黄山市在城市生态建设方面所做出的巨大努力与取得的显著成效。

从各区县两个年度的热场温度相关统计指标来看（表 3-2），2002 年其热场温度极差最大的为黄山区，达到了 42.31℃；其次要数歙县的温度极差最大，为 29.57℃；其他区县的温度极差均相差不大，都介于 19~28℃ 之间。到了 2011 年，温度极差最大的市县变化为黟县和休宁，分别为 17.65℃ 和 17.45℃；最小的为屯溪区和徽州区，分别为 10.2℃ 和 14.03℃；而且就温度极差的整体变化而言，2011 年的变化相对要平稳一些，而 2002 年间不同区县的温度极差出现了较大的分布差异。另外从热场温度的标准差来看，2002 年和 2011 年都以祁门县的数值最小，这说明祁门县域内两个年度的温度差距最小，即其区域内的变化相对比较平缓；而两个年度标准差最大的区域则有所不同，2002 年时为黟县，其标准差为 3.01，到了 2011 年，标准差最大的县变为了歙县，为 1.60。但总体上来看，2011 年各个区县内的温度表化差异要远小于 2002 年的温度变化差异，这与全市域的变化情况非常一致。

表 3-2　黄山市各区县 2002 年和 2011 年热场温度的相关统计指标

区域	最低温度（℃）		最高温度（℃）		温度极差（℃）		标准差	
	2002 年	2011 年	2002 年	2011 年	2002 年	2011 年	2002 年	2011 年
休宁县	17.51	12.79	44.90	30.24	27.39	17.45	2.27	1.28
屯溪区	19.34	17.51	39.14	27.71	19.79	10.20	2.59	1.42
徽州区	14.70	17.05	40.70	31.08	26.00	14.03	2.81	1.40
歙县	10.35	13.27	39.92	30.66	29.57	17.39	3.42	1.60
祁门县	18.89	13.27	43.77	28.56	24.88	15.29	2.43	1.23
黄山区	8.87	11.82	51.17	28.14	42.31	16.32	2.94	1.40
黟县	13.75	11.33	39.92	28.98	26.17	17.65	3.01	1.35

三、黄山市相对亮温的变化分析

虽然绝对温度可以直观反映一个研究区域的热场状况，但由于其所反映的只是总体状况与栅格点上的温度状况，一方面其不能够反映区域面上的变化，另一方面对于后期的防控重点的明晰等也不是非常方便，而相对亮温则刚好可以补充绝对热场温度在这些方面的不足，因而在相关的研究工作中该方法也同时被广泛采用。黄山市域的相对亮温情况见附图7。

比较附图7和附图6可以看出，相对亮温所反映的黄山市域热场格局与绝对亮温空间格局基本相同，但由于相对亮温分级上2002年和2011年采用的是同一标准，因此使得这两个年份的相对亮温在图上更具有可比性。从附图7可以看出2011年和2002年相比较，祁门县南部、西南部，以及黟县和黄山区北部弱热场有所扩大，而歙县东部的热场则有所减弱，原来大量分布的强热岛区域被弱热岛区域所替代。而休宁县南部山区则是全市域热场状况改善最显著的区域，2002年时三点状分布的强热岛和中等热岛斑块在2011年时基本上都被绿岛斑块所替代。另一个改善明显的区域就是在屯溪区—休宁县城—歙县县城所围合的三角形区域，其热场基质由2002年的强热岛类型转变为了2011年的弱热岛类型。

根据附图7所做的全市域相对亮温统计结果见表3-3。

表 3-3　黄山市域相对亮温统计结果

类型	2002 年		2011 年		增（＋）减（－）	
	面积（公顷）	比例（％）	面积（公顷）	比例（％）	面积（公顷）	比例（％）
绿岛	508197.95	52.54	498642.75	51.55	−9555.20	−0.99
弱热岛	285035.62	29.47	394614.18	40.79	109578.56	11.33
中等热岛	129696.32	13.41	68764.95	7.11	−60931.37	−6.30
强热岛	43578.31	4.50	5314.95	0.55	−38263.36	−3.96
极强热岛	841.69	0.09	13.05	0.0013	−828.64	−0.09

从表3-3可以明显看出，以相对亮温来看，2011年与2002年相比，全市域的热场分布范围有所扩大，但热场强度有所减弱，具体表现在：第一，绿岛面积有所减少，2011年与2002年相比，减少了9555.2公顷，减幅比例为0.99%；第二，弱热岛的增加面积相对较大，9年间增加了109578.56公顷，增幅比例高达11.33%；第三，中等热岛以上类型的热岛面积在不断减少，其中中等热岛减少的面积和比例分别为60931.37公顷和6.3%，强热岛类型减少的面积和比例分别为38263.36公顷和3.96%，这两类减少的面积与比例均较大；而极强热岛虽然绝对减少面积仅828.64公顷，面积比例仅减少了0.09%，但因其热场强度极大、危害极强，因此虽然其减少的面积不大但其环境影响却不容小视。

不同区县的相对亮温统计结果见表3-4。从该表可以看出，在2002~2011年的9年间，休宁县、屯溪区、徽州区和歙县的绿岛面积都出现了增加的变化趋势，其中以休宁县和屯溪区增加的面积比例最大，分别为增加了15.63%和14.14%，歙县与徽州区也分别增加了8.59%和7.1%；而其余区县的绿岛面积则分别出现了减少的变化过程。尤其需要提及的是，在2002年时，除了屯溪区、徽州区和祁门县之外，其他区县的绿岛面积比例都在50%以上。

表 3-4　黄山市不同区县相对亮温所占区域面积比例（%）

区域	绿岛		弱热岛		中等热岛		强热岛		极强热岛	
	2002	2011	2002	2011	2002	2011	2002	2011	2002	2011
休宁县	60.55	76.18	27.58	21.40	10.15	2.29	1.67	0.13	0.0442	0.0023
屯溪区	29.67	43.81	30.70	43.54	33.42	12.06	6.18	0.58	0.0186	0.0000
徽州区	41.01	48.11	30.69	41.80	22.26	9.61	6.01	0.47	0.0254	0.0104
歙县	50.21	58.80	25.25	33.62	16.05	7.16	8.31	0.42	0.1842	0.0017
祁门县	46.84	30.30	36.08	58.75	12.14	10.26	4.84	0.68	0.1085	0.0000
黄山区	57.39	45.61	29.03	46.56	12.03	7.09	1.55	0.74	0.0087	0.0000
黟县	53.16	42.18	27.57	47.84	12.95	8.75	6.23	1.23	0.1013	0.0001

根据景观生态学的基质—斑块—廊道理论，当某一景观斑块类型在景观中的面积占到 50% 以上比例时，该景观斑块类型被视为景观基质，它对整个景观的演化方向具有决定性的影响。据此理论，我们认为绿岛在这几个区县中是名副其实的热场景观基质，对各区县境内的热场演化具有绝对的控制作用，但到了 2011 年，还能够保持绿岛作为景观基质的区县仅剩休宁县和歙县，而且这两个区县在 9 年的时间间隔后，绿岛还出现了面积增加的变化趋势，这表明，仅从热场来看，这两个区县的环境状况是处于绝对改善的变化过程之中的。

从表 3-4 还可以看出，除绿岛类型外，弱热岛也是占有面积比例较大的热场景观类型，在 9 年的时间间隔内，除了休宁县弱热岛呈现减小的变化趋势外，其他区县都呈现了不断增加的变化趋势，其中祁门县增加的面积比例最大，达到了 22.67%；歙县增加的面积比例最小，只有 8.37%。尽管弱热岛的面积比例是增加的，但对于区域热场强弱最终起制约作用的则是中等热岛、强热岛与极强热岛三者加和作用的变化情况。从表 3-4 可以看出，这三类热岛类型的加和面积比例，在 2002~2011 年的 9 年间，也是处于不断减少的变化过程当中，其中减幅比例最大的区县有屯溪区、徽州区和歙县，9 年间面积比例分别减少了 26.98%、18.21% 和 16.96%，而其他区县的减幅则相对较小，基本上都处于 5%~10% 之间。

总体来看，不同区县其最主要的景观热力斑块类型都是以绿岛、弱热岛为主，强热岛与极强热岛所占面积比例都在 10% 以下，其中强热岛类型的面积比例更低，都在 0.2% 以内，其中 2002 年时，极强热岛在各区县均有一定的面积分布，但到了 2011 年，情形则发生了很大的变化，一方面面积比例更小，均不到 0.02%，另一方面极强热岛类型在 2011 年时已经从屯溪区、黄山区和祁门县完全消失。

四、黄山市域热场变化的稳定性分析

（一）黄山市域 2002~2011 年景观动态的转移概率矩阵分析

根据 2002 年和 2011 年黄山市域相对亮温数据所做的 2002~2011 年不同热力斑块类型的转移概率矩阵见表 3-5。

表 3-5　黄山市区 2006-2010 年相对亮温等级转移概率矩阵（%）

	绿岛	弱热岛	中等热岛	强热岛	极强热岛
绿岛	78.75	20.87	0.34	0.04	0.001
弱热岛	29.51	66.05	4.27	0.16	0.001
中等热岛	10.43	64.39	24.26	0.92	0.001
强热岛	1.81	37.72	52.94	7.52	0.012
极强热岛	5.65	28.83	45.21	20.23	0.086

从表 3-5 的结果来看，黄山市域最稳定的热力景观斑块类型为绿岛斑块和弱热岛斑块，2002~2011 年间，其保持不变的面积分别达到了 78.75% 和 66.05%；而最不稳定的景观类型为强热岛和极强热岛，其发生变化的面积比例达到了 92.48% 和 99.9%，中等热岛斑块类型保持面积不变的比例仅为 24.26%。从其发展演化的主要方向来看，绿岛和弱热岛、中等热岛和弱热岛以及强热岛和弱热岛、中等热岛之间转换面积最大，其转化比例分别达到了 20.87%、64.39% 和 37.72%、52.94%。而极强热岛的转化方向则主要有 3 个：中等热岛、弱热岛和强热岛，其转化比例分别为 45.21%、28.83% 和 20.23%。从表 3-5 还可以明显看出一个规律，即热力强度愈大的景观斑块类型，其空间发生变化的概率越高，其空间不稳定性程度也越高。

（二）黄山市域 2011 年热力景观斑块来源分析

为了探讨 2011 年不同类型热力景观斑块的来源情况，我们利用 GIS 手段进行了逆向的转移概率矩阵分析，结果见表 3-6。

表 3-6　黄山市域 2011 年相对亮温来源的转移概率矩阵（%）

	绿岛	弱热岛	中等热岛	强热岛	极强热岛
绿岛	80.24	16.88	2.71	0.16	0.01
弱热岛	26.87	47.73	21.17	4.17	0.06
中等热岛	2.48	17.70	45.74	33.54	0.55
强热岛	3.90	8.66	22.50	61.72	3.21
极强热岛	29.73	18.92	8.11	37.84	5.41

从表 3-6 可以看出，2011 年市域内的绿岛类型，有 80.24% 来源于 2002 年的绿岛类型，16.88% 来源于前一年度的弱热岛类型，另有 2.71% 来源于中等热岛类型，来源于强热岛和极强热岛类型的斑块面积比例都非常小，均在 0.2% 以内；而弱热岛类型中，只有 47.73% 来源于上一年度的弱热岛类型，另有 26.87%、21.17% 和 4.17% 分别来源于上一年度的绿岛、中等热岛和强热岛类型，此外还有 0.06% 来源于极强热岛；中等热岛类型中，有 45.74% 是来源于上一年度的中等热岛类型，来源于强热岛的面积比例较大，为 33.54%，还有 17.7% 来源于弱热岛，另有 2.48% 和 0.55% 的面积比例来源于绿岛和极强热岛；而从强热岛来看，上一年度的同一类型的保持比例较大，达到了 61.72%，是仅次于绿岛的类型，另两个重要来源分别是中等热岛和弱热岛，来源比例分别为 22.5% 和 8.66%，而来源于绿岛与极

强热岛的面积比例相差不大，都在 3%~4% 之间；2011 年极强热岛的来源构成为：强热岛 37.84%，绿岛 29.73%，弱热岛 18.92%，中等热岛 8.11%，而来源于本身类型的面积比例仅有 5.41%。

五、黄山市域植被指数（NDVI）变化分析

根据遥感原理，利用 TM 影像的第 3 波和第 4 波段组合所反演的黄山市全市 NDVI 指数的统计结果见表 3-7。从该数据可以看出，全市 2002 年和 2011 年研究月份的 NDVI 最高值均未达到 1，这可能与影像所处的时间有关，到了 10 月下旬，也到了这些阔叶植物叶片生长周期的衰败期，随着这些阔叶植物的叶色变化，植被指数开始从最高值下降。但由于两期影像的时间前后相差仅一天时间，因此，绝对量的时间对比还是不成问题的。从该表上可以看出，2011 年 NDVI 的平均值要高于 2002 年的平均值，从 NDVI 的最高值看，2011 年依然比 2002 年的高。这说明，从全市域尺度来看，2011 年的植被生态环境状况要明显好于 2002 年，即生态环境质量是改善的。

表 3-7　黄山全市域 2002 年和 2011 年的 NDVI 统计

	最低	最高	极差	平均	标准差
2002	−0.49180	0.41096	0.90276	0.10482	0.11813
2011	−0.48485	0.76471	1.24955	0.43952	0.13551
差值	0.00695	0.35375	0.34679	0.33470	0.01738

从黄山市各个区县的 NDVI 统计数据来看（表 3-8），其反映的时间变化情况同全市的变化情况完全一致，都呈现植被改善的变化趋势。其中改善最大的区域是祁门县，2011 年的 NDVI 指数值比 2002 年提高了 0.3775；改善幅度最小的区域是屯溪区，9 年间仅提高了 0.1638；其他区县提高的幅度相差不算太大，都介于 0.29~0.34 之间。另外，从不同年限的 NDVI 平均值的分布情况看，两个年限的 NDVI 最低区域都不约而同指向了屯溪区，此地的区域均为徽州区，这与该两个区域是黄山市城市主体功能区的区位有关。但其高值分布则有一定的差异，2002 年 NDVI 平均值最高的是黟县，而 2011 年的最高值区域则为祁门县，而黟县则

表 3-8　黄山市不同区县 2002 年和 2011 年的 NDVI 统计

区域	2002 年		2011 年		平均差值
	平均值	标准差	平均值	标准差	
休宁县	0.1175	0.1116	0.4156	0.1325	0.2981
屯溪区	0.1116	0.1261	0.2754	0.1649	0.1638
徽州区	0.1261	0.1158	0.4162	0.1372	0.2901
歙县	0.1158	0.1089	0.4298	0.1231	0.3141
祁门县	0.1089	0.0973	0.4864	0.1032	0.3775
黄山区	0.0973	0.1359	0.4264	0.1645	0.3291
黟县	0.1359	0.1152	0.4703	0.1220	0.3344

变为了次高区域。另外，从标准差的情况来看，各区县 2011 年的 NDVI 的标准差都要大于 2002 年的标准差，这说明 2002 年时各区域 NDVI 的内部变化幅度要小，NDVI 的空间分布更接近于各区县的平均值，而 2011 年时各区域内部 NDVI 数值的变化幅度增大，数据分布的不均匀性也有所增大。

六、植被盖度变化分析

1. 植被盖度的总体变化

黄山全市及其各区县植被盖度的 GIS 统计结果如图 3-3。

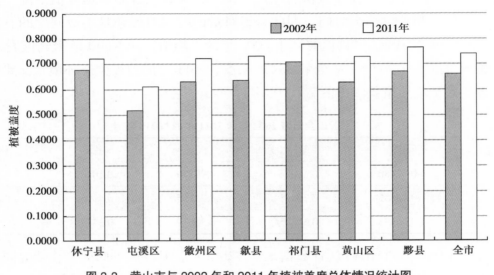

图 3-3　黄山市与 2002 年和 2011 年植被盖度总体情况统计图

从图 3-3 可以看出，黄山全市的植被盖度的总体变化情况与 NDVI 的变化情况非常一致，从 2002 年到 2011 年其增加的变化趋势非常明显，全市植被盖度均值从 66.09% 增加到了 73.98%，植被盖度增加了 7.89 个百分点，平均每年增加 0.88 个百分点。从时间变化趋势来看，两个年度都表现出了高度的一致性，两个年度植被盖度最小的都是屯溪区，2002 和 2011 年分别为 51.47% 和 60.84%；而最高和次高的区域在 2002 年时为祁门县和休宁县，分别为 70.95% 和 67.49%，到了 2011 年，情形稍有变动，分别为祁门县和黟县，其植被的平均盖度分别为 77.73% 和 76.44%。

从不同区县的变化情况看（图 3-4），9 年间增幅最大的为北部的黄山区，从 2002 年到 2011 年，其全区域植被盖度增加了 10.14 个百分点；其次，屯溪区、徽州区、歙县和黟县的植被盖度增幅也达到了 9 个百分点以上，远高于全市平均植被盖度 7.89 个百分点的增幅。增幅最低的区县为休宁县，仅增加了 4.58 个百分点，其次祁门县的增幅也不算大，只有 6.78 个百分点，这可能与其前期植被盖度较大有关，根据图 3-5 结果，2002 年时这两个县的植被平均盖度分别为 67.49% 和 70.95%，分别位列同年度区县的前两位。

从这里我们可以明显看出，9 年来，黄山市的总体植被生态环境是朝着不断改善的方向

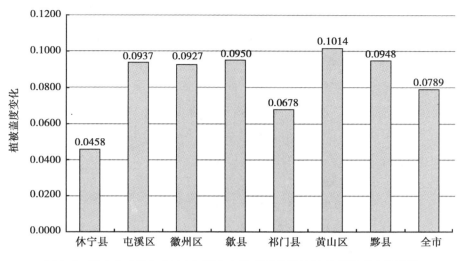

图 3-4　黄山市 2002~2011 年间全市及各区县的植被盖度增减变化情况

发展演变的。

2. 植被盖度的分级变化分析

NDVI 虽然可以直观地反映区域的植被变化情况，但在生态评价等方面其依然是一个间接变量。通常分级后的植被盖度才是最直接可用的、也便于区域之间数量对比的植被因子。黄山市域 2002 年和 2011 年植被盖度结果见附图 9 和表 3-9。

表 3-9　黄山市域 2002 和 2011 年不同区县植被覆盖等级增（＋）减（－）统计

区域	低覆盖度		中覆盖度		中高覆盖度		高覆盖度	
	面积（公顷）	比例（％）	面积（公顷）	比例（％）	面积（公顷）	比例（％）	面积（公顷）	比例（％）
休宁县	−5707.7	−2.67	−17676.5	−8.26	−12932.0	−6.04	36316.17	17.0
屯溪区	−2677.6	−17.29	−1849.7	−11.95	3400.8	21.97	1126.44	7.3
徽州区	−3408.6	−7.76	−6632.1	−15.09	−3186.5	−7.25	13227.12	30.1
歙县	−11580.1	−5.46	−37989.1	−17.90	−22862.1	−10.77	72431.28	34.1
祁门县	−5065.4	−2.29	−16496.4	−7.45	−50325.4	−22.74	71887.14	32.5
黄山区	−8620.3	−4.94	−27184.2	−15.57	−32451.2	−18.59	68255.73	39.1
黟县	−5775.7	−6.74	−8242.6	−9.62	−17921.2	−20.91	31939.38	37.3
全市	−42835.3	−4.43	−116070.5	−12.00	−136277.5	−14.09	295183.26	30.5

从附图 9 可以明显看出，1991~2009 年 18 年间黄山市域植被盖度分级变化巨大，总体上朝着低覆盖度和中覆盖度范围缩小而中高、高覆盖度面积范围不断扩大的方向演化。其中变化比较明显的区域有如下几个：首先是以徽州区—休宁县—歙县所围成的三角形城市化剧烈区域的植被变化，其呈现了低覆盖度植被减少，中、高覆盖度植被增加的变化特征；第二是祁门县西部区域，这一区域以高覆盖度植被增加的变化为主要特征；第三个区域是以休宁县南部到歙县东部的山地植被剧烈变化区，这一区域以中高覆盖度的减少和高覆盖度

的增加为主要特点；第四个区域就是以黄山区（含整个黄山山脉）代表的植被变化区，其同样以高覆盖度植被的大面积增加为特征；第五个区域就是黟县所在的丘间盆地，这一区域虽然面积不大，但变化特征异常明显，具有与第一个区域相同的变化特点。

从具体的 GIS 统计结果来看（表 3-9），从全市域范围来讲，呈现出低覆盖度、中覆盖度和中高覆盖度同步降低的变化过程，9 年间分别降低了 4.43、12 和 14.09 个百分点；而高覆盖度植被区域则均呈现单一增加的变化趋势，9 年来共增加了 30.5 个百分点，这进一步凸显了黄山市全市域生态质量在改善的事实。

而从各区县来看（表 3-9），除了屯溪区之外，其余区县总体的变化特征呈现出了与全市域完全一致的变化特征，即高覆盖度植被区域单独扩大，而其他覆盖度等级的植被区域在同步减少。其中高覆盖度植被增加幅度最大的区域为黄山区与黟县，9 年间分别增加了 39.1 和 37.3 个百分点；增幅最小的为屯溪区与休宁县，分别增加了 7.3 和 17 个百分点；其余区县的增幅也都在 30%~35% 之间。屯溪区与其他区域最大的不同变化特点是其低覆盖度植被区域的减少比例最大，达到了 17.29%，是其他区县该类型减少比例的 2~9 倍，同时该区域也是全市所有区县中唯一在中高覆盖度等级中出现面积增加的区域。因此，从这里我们可以看出，尽管各区县都经历了植被状况不断改善的变化过程，但相对而言，屯溪区依然是黄山市植被生态相对较差的区域，也是今后生态建设应该重点关注的区域。

七、植被差值指数变化分析

根据公式（3-4）所做的黄山市植被指数差值分级结果如图 3-5。

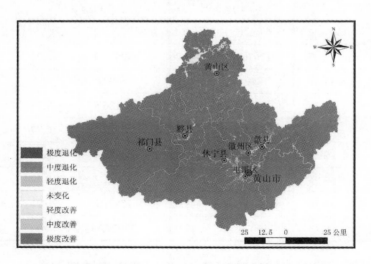

图 3-5　黄山市 2002~2011 年植被差值指数分级分布图

从图 3-5 可以明显看出，黄山市域的植被变化还是以改善占绝对优势的，发生退化的植被区域一方面面积很小，另一方面主要分布在屯溪区—休宁县城—歙县所合围的三角形区域内，切成星点状分布。根据统计结果来看（表 3-10），全市域两个年限间拥有的植被覆盖的区域总面积为 9672.66 平方公里，其中发生植被退化的区域面积仅为 7.62 平方公里，仅占植被覆盖区区域面积的 0.08%；而植被改善的区域面积则达到了 9439.72 平方公里，占到了全部植被覆盖面积的 97.58%，其中极度改善的植被面积比例占到了市域植被面积的 96.14%。因此，总体而言，黄山市的生态环境确实在朝着改善的方向发展。

表 3-10　黄山市域植被指数差值分级统计

项目	极度退化	中度退化	轻微退化	未变化	轻微改善	中度改善	极度改善
栅格数（个）	1993	3934	2535	250366	5748	149800	10333026
面积（平方公里）	1.79	3.54	2.28	225.33	5.17	134.82	9299.72
比例（％）	0.02	0.04	0.02	2.33	0.05	1.39	96.14

第四章　黄山生态足迹分析与减赤对策

自然生态系统是人们赖以生存和发展的物质基础，人类社会要取得可持续发展，就必须维持一定的自然资产存量，使发展控制在生态系统的承载力范围之内。黄山市是一个典型的旅游型城市，随着旅游市场的见好，游客数量的增长，也带来了一系列的环境问题，自然资源环境及经济发展之间的矛盾日益严重，生态危机逐步凸显。因此，为了维护黄山市生态安全、保证黄山市经济可持续发展，对黄山市生态环境的固有特性与经济快速发展协调性进行研判势在必行。

20世纪90年代，加拿大生态经济学家William Rees和Mathis Wackernagel提出的生态足迹方法就是一种能够测度区域内自然资源可持续利用程度的新方法。该方法通过将区域的资源和能源消费转化为提供这种物质流所必须的各种生物生产性土地面积，并同区域能提供的生物生产性土地面积进行比较，以判断该地区人类活动是否处于生态承载力范围之内，确定区域生态经济系统可持续发展状况。如果生态足迹大于生态承载力，就出现生态赤字，表明区域处于不可持续发展状态；反之，则出现生态盈余，可持续发展状态良好。因此，为了定量研究黄山市经济发展对生态环境影响的程度，判定黄山市发展是否处于生态可持续状态，我们将运用生态足迹理论，从需求和供给等多方面动态分析黄山市近11年的生态足迹，分析其变化的原因并有针对性地提出减赤对策，为黄山市可持续发展战略的制定、生态规划和土地利用规划等提供科学的参考。

一、生态足迹模型及计算方法

生态足迹计算基于以下两个基本事实：①人类可以确定自身消费的绝大多数资源及其产生的废弃物的数量；②这些资源和废弃物能转换成相应的生物生产性土地面积。在生态足迹账户核算时，生物生产性土地面积被划分为耕地、林地、草地、建设用地、水域和化石能源地6种类型，并通过引入均衡因子和产量因子实现区域各类生物生产性土地的可加性和可比性，以此来计算生态足迹和生态承载力。主要计算步骤如下：

步骤1：划分消费项目，目的是为了追踪资源消耗和废弃物消纳。通过将资源划分成生物项目与能源项目，计算人均量值。

步骤2：利用步骤1中的数据将各项消费资源或产品的消费折算为具有生态生产力的6类生物生产性土地的面积 A_j。

$$A_j=\sum \frac{C_i}{EP_i} \quad (j=1,2,3\cdots,6) \qquad (4\text{-}1)$$

式中：A_j——生物生产性土地面积（公顷），$j=1,2,3,4,5,6$，分别代表耕地、林地、草地、水域、建设用地和化石能源用地；

C_i——资源消费量（吨）；

EP_i——全球单位生态生产力（吨/公顷）。

步骤3：计算生态足迹 EF，利用均衡因子将6类生物生产性转换并加总成地区生态足迹。

$$EF=\sum A_j\cdot \gamma_j \quad (j=1,2,3\cdots,6) \qquad (4\text{-}2)$$

式中：EF——生态足迹［全球公顷（gha）］；

γ_j——均衡因子。

步骤4：计算生态承载力 EC，以地区实际面积为基础，产量调整后得到生态承载力。

$$EC=\sum AA_j\cdot \gamma_j\cdot y_j \quad (j=1,2,3\cdots,6) \qquad (4\text{-}3)$$

式中：EC——生态承载力［全球公顷（gha）］；

AA_j——各类土地的实际面积；

y_j——产量因子。

步骤5：计算生态赤字或盈余 ED：$ED=EC-EF$。

公式中生物资源生态足迹的计算是以联合国粮农组织提供的世界平均产量为标准，能源资源以全球平均能源生态足迹为标准。均衡因子采用发展重定义组织对中国1996年生态足迹计算中的取值，产量因子采用 Wackernagel 等1999年对中国生态足迹计算时的取值（表4-1）。

表4-1 均衡因子和产量因子

项目	耕地	林地	草地	水域	建设用地	化石能源地
均衡因子	2.8	1.1	0.5	0.2	2.8	1.1
产量因子	1.66	0.91	0.19	1.00	1.66	0

二、生态足迹动态变化

（一）黄山市生态足迹的动态变化分析

根据黄山市统计年鉴（2001年、2007年、2011年、2012年），黄山市的生态足迹主要分为生物资源消费的生态足迹和能源资源消耗的生态足迹。生物产品消费包括农产品、林产品、动物产品、水产品等四大类；能源消费主要涉及原煤、焦炭、原油、汽油、柴油、燃料油、液化石油气、热力、电力和其他燃料等。

生物资源消费的计算，采用联合国1993年计算的有关生物资源的世界平均产量资料，将黄山市消费转化为提供这些消费所需要的生物生产面积。计算原煤、焦炭、汽油和电力等能源消费项目的足迹时，以全球平均能源生态足迹为标准，将消耗量通过一个折算系数折合成热量，再利用得到的热量值换算成化石能源土地面积。采用公式4-1计算得到黄山市生物资源和能源资源账户的人均生态足迹（表4-2，表4-3），进而得到黄山市总的人均生态足迹（图4-1）。

表4-2 黄山市生物资源账户人均生态足迹

项目	类型	全球平均产量（公斤/公顷）	总消费量（吨）			人均生态足迹（公顷/人）			生产土地类型
			2000年	2006年	2011年	2000年	2006年	2011年	
农产品	谷物	2744	328803	302333	310916	0.2287	0.2091	0.2142	耕地
	豆类	1856	8204	11695	15633	0.0084	0.0120	0.0159	耕地
	薯类	12607	28058	31272	35364	0.0042	0.0047	0.0053	耕地
	油料	1856	35190	30620	40390	0.0362	0.0313	0.0411	耕地
	棉花	1000	170	305	448	0.0003	0.0006	0.0008	耕地
	麻类	1500	55	33	28	0.0001	0.0000	0.0000	耕地
	烟叶	1548	198	121	525	0.0002	0.0001	0.0006	耕地
	茶叶	566	15978	19956	25631	0.0539	0.0669	0.0856	耕地
林产品	蚕茧	1000	4764	6636	5709	0.0036	0.0049	0.0042	林地
	水果类	3500	10047	30775	56529	0.0022	0.0066	0.0120	林地
动物产品	猪肉	74	59629	67667	79338	0.2747	0.3098	0.3619	草地
	牛肉	33	1118	1262	1096	0.0115	0.0130	0.0112	草地
	羊肉	33	79	78	56	0.0008	0.0008	0.0006	草地
	奶类	502	54	124	3086	0.0000	0.0001	0.0021	草地
	禽蛋	400	17344	16631	18112	0.0148	0.0141	0.0153	草地
水产品	鲜鱼	29	15037	17089	18433	0.0707	0.0799	0.0858	水域

表4-3 黄山市化石能源账户生态足迹

能源类型	$\overline{EF_{ce}}$（吉焦/公顷）	折算系数（吉焦/吨）	消费量（吨）			人均生态足迹（公顷/人）			生产土地类型
			2000年	2006年	2011年	2000年	2006年	2011年	
原煤	55	20.934	92499	189406	213708	0.0264	0.0537	0.0604	化石能源地
洗精煤	55	20.934	-	-	-	-	-	-	化石能源地
其他洗煤	55	20.934	-	-	145	-	-	0.0000	化石能源地
型煤	55	20.934	-	-	-	-	-	-	化石能源地
焦炭	55	28.47	282	472	2677	0.0001	0.0002	0.0010	化石能源地
液化天然气	93	38.978	-	133	1057	-	0.0000	0.0003	化石能源地
原油	93	36.6691	-	-	92	-	-	0.0000	化石能源地
汽油	93	43.124	425	700	1223	0.0001	0.0002	0.0004	化石能源地
煤油	93	43.124	130	96	57	0.0000	0.0000	0.0000	化石能源地
柴油	93	42.705	2402	1325	6622	0.0008	0.0005	0.0023	化石能源地
燃料油	71	50.2	35	1976	1	0.0000	0.0010	0.0000	化石能源地
液化石油气	71	50.2	-	360	365	-	0.0002	0.0002	化石能源地
其他燃料	71	36.19	-	700	-	-	0.0003	-	化石能源地
热力（百万千焦）	1000	-	-	-	99505	-	-	0.0002	建设用地
电力（万千瓦时）	1000	0.036*	15215	34780	198445	0.0105	0.0238	0.1351	建设用地

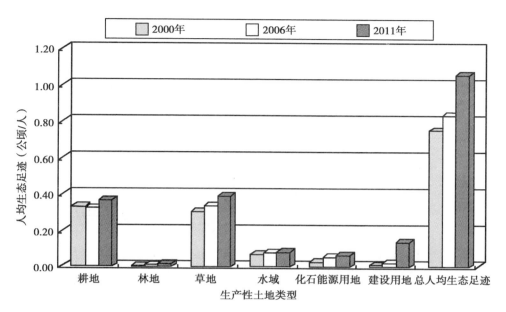

图 4-1　黄山市人均生态足迹

由图 4-1 可见，2000~2011 年，随着经济发展和人民生活水平的提高，黄山市的人均生态足迹呈不断增加趋势，总人均生态足迹从 2000 年的 0.7483 公顷／人增加到 2011 年的 1.0567 公顷／人。11 年间，人均生态足迹净增 0.3084 公顷／人，增幅 41.21%，年均增长速度 3.75%，且增长速度呈加快趋势。在 6 类生物生产性土地类型中，耕地和草地的生态足迹基数较大，是造成黄山市人均生态足迹逐年增加的重要原因。从生物资源账户生态足迹来看，耕地生态足迹变化相对稳定，总体呈现递增趋势；草地总体呈现明显递增趋势，增幅达到 29.55%；林地和水域生态足迹也呈现平稳递增趋势，年均增速分别达 16.75% 和 1.94%，说明随着人民生活水平的提高，居民食物的来源也逐渐趋于多样化。对能源生态足迹而言，化石能源用地人均生态足迹逐年增加，增幅为 135.77%；建设用地的人均生态足迹增幅最大，达 1188.57%。生态足迹的增加表明黄山市对自然资源的利用程度加大，可以推测，随着社会经济的发展、人口的增长和人民生活水平的提高，黄山市生态足迹的需求将继续保持增长态势。

（二）黄山市人均生态足迹的需求结构分析

从生态足迹构成来看（图 4-2），耕地和草地对黄山市生态足迹的贡献最大，从研究初期开始，两者生态足迹所占比例就都大于 40%，到 2011 年虽然两者所占比重都有所下降，但仍大于 34%。林地生态足迹所占比例最小，不到 2%。建设用地的生态足迹所占比重逐年上升，变化幅度最大，上升了 11.4 个百分点。其他土地利用类型中，水域和化石能源用地均呈波动变化，所占比例相对稳定。

生态足迹构成的变化反映了黄山市居民生活的消费结构，居民在温饱问题得到了解决之后，对动物性食品、肉类资源的消费需求仍然较高。同时随着城市化进程不断推进，对建筑用地的需求也随之升高。

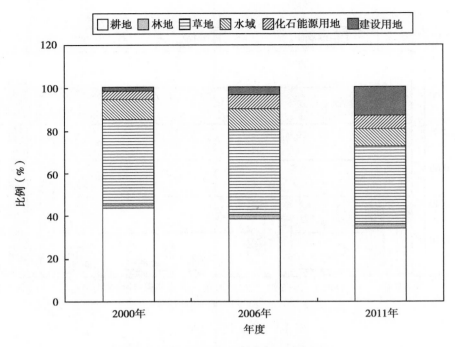

图 4-2　黄山市人均生态足迹的需求结构

（三）人均生态足迹变化驱动力分析

虽然生态足迹模型具有生态偏向性，但是生态足迹的时间序列演变与社会经济发展仍然是紧密联系的。由于在较短尺度时间范围内黄山市生态承载力变化幅度很微小，所以影响生态足迹增长的主要原因还是社会经济的高速发展。根据生态足迹的计算原理，将人均生态足迹与 7 个指标，即人口总数、人均 GDP（元）、城乡居民消费水平（元）、恩格尔系数、第二产业比重、工业增值和单位 GDP 能耗（吨标准煤 / 万元）进行相关分析。

表 4-4　黄山市人均生态足迹与相关指标的相关系数分析

	人口总数	人均 GDP	居民消费水平	恩格尔系数	第二产业比重	工业增加值	单位 GDP 能耗
Person 相关性	0.927	0.999*	1.000*	−0.877	0.980	0.999*	−0.944
显著性	0.245	0.032	0.020	0.319	0.129	0.033	0.215

从表 4-4 可见，黄山市生态足迹与居民消费水平、工业增加值和人均 GDP 呈显著正相关，与人口总数、第二产业比重呈弱正相关关系，说明随着社会经济的发展、城乡居民消费水平的提高、工业化进程的加快以及人口数量的不断增加，黄山市的人均生态足迹将同步增大。

黄山市生态足迹与恩格尔系数、单位 GDP 能耗呈弱负相关关系。城乡居民家庭恩格尔系数是居民消费结构和层次的反映，恩格尔系数越低，说明居民消费中食物消费比重越低，消费层次越高，相应的资源、能源占用总量也提高，因此，生态足迹也就越大。生态足迹与单位 GDP 能耗呈负相关关系，一种情况是 GDP 的增长不全靠消耗能源，相对能源消耗较少，即产业结构发生了改变，使单位 GDP 能耗减少，但是全市的能源消耗量还是增大的，即生态足迹在扩大，调整产业结构是减少生态足迹的途径之一。另一种情况是科技技术的提高，单位 GDP 能耗是一个能源利用效率指标，工业发展较快往往意味着较高的单位 GDP 能耗，但黄山市单位 GDP 能耗逐年减少，反映出经济发展中产业技术的进步，减少了能源生态足迹。因此，加强生产技术要素的应用，开发新能源，高效利用资源存量，发展循环经济将是黄山市经济可持续发展的重要途径。

三、生态承载力动态变化

根据黄山市相关统计资料得到耕地、林地、草地、水域以及建设用地在 2000 年、2006 年、2011 年的面积，通过计算得到不同生物生产性土地的人均承载力。由于在城市或地区的发展过程中，我们一般都不会留出专门用于吸收 CO_2 的化石能源用地，故在计算中取值为零。根据世界环境与发展委员会（WCED）的建议，人类应将生态生产土地面积的 12% 用于生物多样性的保护，因此需扣除 12% 的生物多样性保护面积，最终得出黄山市三个时段可利用的人均生态承载力（表 4-5）。

表 4-5　黄山市人均生态承载力　　　　单位：公顷 / 人

土地类型	2000 年		2006 年		2011 年	
	人均实际面积	人均均衡面积	人均实际面积	人均均衡面积	人均实际面积	人均均衡面积
耕地	00582	0.2705	0.0433	0.2013	0.0469	0.2180
林地	0.5289	0.5294	0.5427	0.5432	0.5540	0.5546
草地	0.0095	0.0009	0.0034	0.0003	0.0018	0.0002
水域	0.0195	0.0039	0.0177	0.0035	0.0175	0.0035
建设用地	0.0233	0.1083	0.0266	0.1236	0.0242	0.1125
人均生态承载力		0.9130		0.8720		0.8887
可利用的人均生态承载力		0.8035		0.7674		0.7821

表 4-5 显示，2000~2011 年黄山市生态承载力呈先降后升趋势，但总体呈下降状态。全市可利用的人均生态承载力由 0.8035 公顷 / 人降至 0.7821 公顷 / 人。从各种生态生产性土地类型来看，2000~2011 年，除林地生态承载力逐年递增外（耕地先降后升），其他土地类型生态承载力均呈递减趋势，建设用地先升后降。

从生态承载力构成来看，林地一直是黄山市生态承载力最大组分，贡献率达到 70% 以上，对缓解生态赤字起重要作用，因此，林地承载力的变化必然导致总的生态承载力发生相应变化。草地的生态承载力最小且呈逐年递减趋势，11 年间下降了 78%，这一方面反映了黄山市草地保护力度不够，也从侧面说明黄山市草地存在一定程度退化，生产力低下。耕地、水域和建设用地的生态承载力呈波动下降状态。因此，加强林地、耕地、草地和水域的保护，并合理开发与高效利用将是提升黄山市生态承载力的关键。

四、资源利用效率

万元 GDP 生态足迹一定程度上反映了经济发展的质量和区域生物资源的利用效率，万元 GDP 的生态足迹需求量越大，说明资源的利用效率越低，反之，则资源利用效率越高。从各类生态生产性土地来看（图 4-3），2000~2011 年，除了建设用地以外，其他用地万元 GDP 生态足迹都呈直线下降趋势，其中耕地、草地和水域降幅都达到 74% 以上，林地和化石能源用地降幅分别达到 54% 和 45%，说明黄山市耕地、林地、草地、水域和化石能源用地的利用效率都在逐步提升。2000~2011 年间黄山市总体 GDP 生态足迹呈持续下降趋势，由 2000 年的 1.38 公顷 / 万元下降到 2011 年的 0.38 公顷 / 万元，降幅 72.54%。这说明，黄山市的资源利用方式在逐步由粗放型、消耗型转为集约型、节约型，对资源的依赖性有所减弱。但随着经济的快速发展，黄山市对能源资源的需求能力将大幅增加，在生产活动中还应进一步注重提高资源转化效率和高效利用率；随着城镇化的发展，建设用地亟需集约化开发。

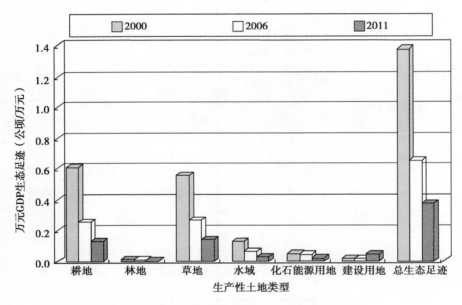

图 4-3　2000~2011 年黄山市万元 GDP 生态足迹

五、生态可持续发展分析

（一）黄山市各类生物生产性土地类型生态可持续发展分析

根据生态足迹模型，将黄山市人均生态承载力与其生态足迹进行比较，得到黄山市各类生物生产性土地生态需求与供给的平衡状态（图 4-4）。

由图 4-4 可见：各类土地类型的生态赤字存在较大的差异，除林地和建设用地（2000 年和 2006 年）处于生态盈余状态外，其余账户均呈现生态赤字。林地生态盈余稳步上升主要得益于黄山市近些年植树造林、退耕还林、保护林地工作力度的不断加大以及生态建设的加强。建设用地 2000~2006 年还是盈余状态，2011 年呈现赤字状态，这说明随着黄山市城

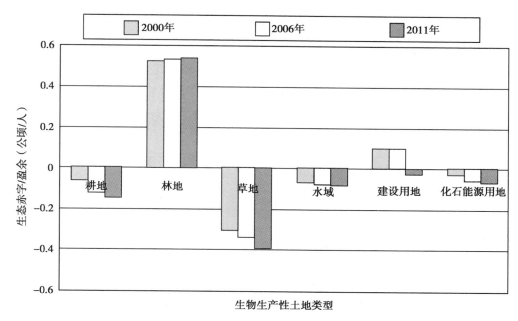

图 4-4　黄山市各类生物生产性土地生态赤字／盈余

市化水平的提高，对建筑用地的需求不断增加，土地规划没有得到合理有效的控制。耕地、草地、水域和化石能源用地在研究期内均呈现生态赤字，且呈逐年扩大趋势。其中，增长量最大的是草地，11 年增加了 0.090 公顷／人；其次为耕地，人均生态赤字增加 0.084 公顷／人。这说明随着人们生活水平的逐渐提高，对肉制品和各类蔬菜瓜果的需求也日益加大，造成草地、耕地生物生产性土地的供给小于人类的索取，呈现不可持续发展的态势。

（二）黄山市生态可持续发展分析

从图 4-5 可见，2000~2011 年，黄山市生态足迹呈逐年递增趋势，从 2000 年的 0.7483 公顷／人增加到 2011 年的 1.0567 公顷／人，而生态承载力一直处于相对稳定状态，约 0.78

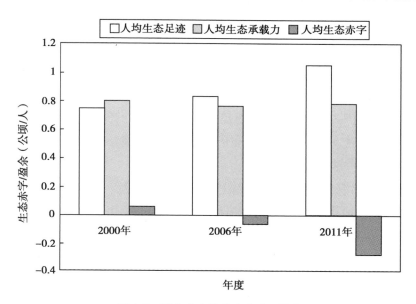

图 4-5　黄山市人均生态赤字／盈余

公顷/人。虽然黄山市 2000 年是处于生态盈余状态，但随着经济社会的发展开始处于生态赤字状态，且呈现逐年增大的趋势，由 2006 年的 0.07 公顷/人增长到 2011 年的 0.27 公顷/人。从人均生态足迹和人均生态承载力的角度分析，2000 年黄山市人均生态承载力大于人均生态足迹，处于可持续发展的状态，但是到了 2011 年人均生态足迹超过了其人均生态承载力，生态需求增长到其自身生态系统可供应能力的 1.35 倍，生态赤字的逐步加剧。

六、减少生态赤字的对策

基于上述分析可见，黄山市的生态负荷已经超过其生态承载力，存在生态赤字。因此，以森林城市建设为契机，充分发挥森林植被的碳汇功能和林、农、牧产品的供给能力，提高黄山市生态承载力、减少生态足迹，对全面推进黄山市可持续发展具有重要意义。

（一）加强重点地段林业生态工程建设，增强森林生态系统服务功能

通过人工营造、补植改造等定向培育措施，加强黄山市中心城区主要河道、主干公路沿线等地段、生态敏感区等重点区段的森林景观营造工作，增加城市森林绿量，保证区域森林生态结构稳定合理，并充分发挥城郊绿地对改善城区生态环境质量的重大作用，加快森林村镇建设，提高城区绿地与城郊绿地的连接度，促进城乡绿化一体化，以保证黄山市森林生态系统的完整性，完善黄山市森林生态网络体系的建设。

优化黄山市整体森林结构，加强低效林改造和生态风景林质量提升，逐步形成多林种、多色彩、多层次的林相景观，并加大湿地资源恢复与保护力度，充分发挥森林生态系统多种服务功能。

（二）推动生态旅游和林业产业发展，提高全市土地综合利用效率

充分利用黄山市丰富的森林景观资源、自然风光、人文景观、野生动植物等旅游资源，在有效保护现有资源基础上，完善旅游基础设施，大力建设森林旅游区，开发森林旅游产品，打造多品种、高品位、高密集度的旅游产业格局，形成一个合理、完善、长效的旅游资源生态补偿机制，推进黄山市旅游国际化步伐，打造黄山国际旅游城市品牌。积极调整林业产业结构，延伸林业产业发展链条，加强精深加工，积极探索"资源—产品—再生资源—再生产品"的循环经济发展模式，努力提高黄山市林业产业附加值。

加大耕地、草地保护力度，采用高新技术，重点做大做强茶叶、蚕桑、中药材、蔬菜、贡菊和特色养殖业六大主导优势产业，推进农业结构调整，提高自然资源单位面积的生物产量，从而降低草地和耕地的生态足迹。

（三）加大生态文化宣传力度，推广绿色低碳消费理念

依托现有世界遗产地资源、自然保护区、科普基地等生态文化载体，通过举办低碳文化展览、环境保护宣传等主题活动，运用各种新闻媒体和社会专栏、专题报道以及戏剧、电影、文学作品等形式进行宣传教育，传播生态文化，弘扬生态文明，引导教育人们树立生态道德观、生态价值观等，并引导群众低碳消费，树立和谐的自然观和俭朴的消费观，增强人们的环保意识，减少人类在生活过程中的资源占用和环境污染，逐步建立资源节约型社会，

减少人均碳足迹。

　　同时，在促进黄山市可持续发展过程中，需要合理控制人口规模，加强对市内人口流动的合理引导，促使生态脆弱地区的人口向生态环境相对较好地区迁移，缓解区域内资源显著贫乏带来的生态压力，利于生态环境的改善和修复。

第五章 指导思想、建设理念与原则

一、指导思想

按照十八大提出的建设美丽中国，建设生态文明的要求，针对黄山城市发展和城乡一体化的发展态势，以创建国家森林城市为抓手，围绕保障生态安全、提升城市品位、普惠城乡居民、建设生态文明的总体目标，通过实施森林生态、绿化产业和生态文化三大体系建设工程，继续强化森林资源保护，全面提升森林生态系统功能，开发森林多种功能效益，让公众更公平便捷地享受生态建设成果，提高全体公民生态环境意识，为实现黄山环境经济社会的全面可持续发展和生态文明建设做贡献。

二、建设理念

（一）水墨徽州

"水墨徽州"展现了黄山森林城市的山水田园历史印迹和生态文化的地域特色，是森林城市建设的背景。徽州，是一个地理概念，同时也是一个历史、文化、思想概念。"水墨"则是徽州的基调色彩，集徽州山川风景之灵气，融风俗文化之精华，整个黄山如水与墨所作之画，墨色的焦、浓、重、淡、清产生丰富的变化，画出不同浓淡（黑、白、灰）层次，绘出徽派风格、纯朴风情、古意城郭，展现了鲜明的黄山特色，使整个黄山别有一番水墨韵味。

（二）梦境黄山

"梦境黄山"描绘了黄山森林城市的优美景观意境和幸福安康的生活愿景，是森林城市建设的目标。"八分半山一分水，半分农田和庄园"。境内群峰参天，山丘屏列，岭谷交错，波流清沏，溪水回环，到处清荣峻茂，水秀山灵，如梦似幻，人们生活安居乐业，正如明代汤显祖所说，"一生痴绝处，无梦到徽州"。为打造这一美好梦境，黄山以森林城市建设为契机，建设优美景观，提供良好生态保障，同时发展生态休闲旅游、林产经济来提高富民能力，促进居民增收，使居民享受安康生活。

三、建设原则

（一）生态优先，普惠民生

城市地区的森林和湿地，不仅是城市生态系统的两大重要组成部分，也是黄山经济社会可持续发展的重要物质基础和生态保障，其生态、经济、社会和文化作用是全社会的公共财富。森林城市建设要以生态学原理进行布局和建设，建立和完善森林、湿地为主的生态安全体系，构筑黄山社会经济可持续发展的绿色屏障。同时要加强森林、湿地的休闲游憩价值、旅游观光价值等生态旅游产品和生态文化产品的开发，促进森林旅游业、特色林产品等绿色产业的发展，充分发挥森林的多种效益，为全体公民提供普惠式的服务，实现黄山森林生态、经济、文化与社会等多种效益的协调统一。

（二）城乡统筹，和谐发展

按照城乡统筹的发展要求，将城乡森林作为一个整体进行规划和布局，促进城市与乡村在生态与经济方面的优势互补、良性互动和协调发展，充分发挥森林在全市经济社会发展中的作用，满足不同人群对森林、湿地的多样性需求。同时，由于黄山历史文化悠久，名山名湖名城浑然一体，生态景观资源和人文历史文化极为丰富，生态旅游发展潜力大。因此，森林城市建设要立足区域生态整体性和关联性特点，根据市域范围内城乡生态梯度、文化梯度、经济梯度及自然格局的变化，在生态与经济、生态与文化建设战略布局的构建等方面实施相应对策。

（三）保护资源，健全网络

黄山森林城市建设已经有了非常好的资源基础，在保护好现有生态资产的基础上，要按照林水结合的理念进一步优化森林网络。境内溪河众多，新安江、青戈江为主要河流，分别属于钱塘水系、长江水系。要加强水体沿岸的生态保护和近自然水岸绿化，形成水体保护林网和林水生态廊道，促进水体保护，改善生态环境；开展铁路、公路沿线景观防护林建设，形成绿色通道网络。强化森林、湿地斑块之间的生态连接，实现"林水相依、林水相连、依水建林、以林涵水"的生态格局，健全黄山森林生态网络体系。

（四）政府主导，全民参与

城市森林是一项造福社会的公益事业，建设中应将政府的主导作用与全民广泛参与有机地结合起来。在社会主义市场经济条件下，城市森林建设必须坚持政府主导，制定科学的城市森林发展规划，组织开展城市森林工程建设；加强与园林、农业、水利、环保等相关部门的协调与合作，共同推进城乡森林建设；加强舆论宣传，营造有利于社会参与林业建设的环境氛围。加强市场引导，吸引社会资源投向林业绿化，开发林业游憩资源，提高涉林涉绿的经济收入；调动全社会参与林业建设的积极性，通过开展义务植树、纪念林、科普宣传等生态文化活动，提高全民参与积极性。

（五）科教兴绿，依法治绿

城市森林不同于一般的森林，只有在科技、教育、管理等方面不断创新，才能保障城市森林健康发展。加强黄山城市森林景观营建、管护技术的研究，通过科技创新有效解决制约黄山森林、湿地、园林发展的技术"瓶颈"；加强城市林业人才培养，以科技进步和人才支撑黄山的生态建设和产业发展。同时，加强地方性林业、绿化政策法规的修改和完善工作，加强林业、绿化执法队伍建设；坚持依法治绿，增强法制观念，强化造林增绿与管护并重的意识，加强和改进森林、湿地资源保护管理工作，巩固建设成果。

四、规划期限

规划现状基准年为 2011 年，近期规划为 2012~2015 年，远期规划为 2016~2020 年。

五、规划依据

（1）《中华人民共和国森林法》（1984 年颁布，1998 年修订）

（2）《中华人民共和国城乡规划法》（2008 年 1 月）

（3）《中华人民共和国土地管理法》（2004 年 8 月）

（4）《中华人民共和国环境保护法》（1989 年 12 月）

（5）《中华人民共和国野生动物保护法》（2004 年 8 月）

（6）《全国生态环境建设规划》（1999 年）

（7）《中共中央 国务院关于加快林业发展的决定》（2003 年 6 月）

（8）《国务院关于落实科学发展观加强环境保护的决定》（国发〔2005〕39 号）

（9）《全国生态建设环境保护纲要》（国发〔2000〕38 号）

（10）国务院《城市绿化条例》（1992 年 8 月）

（11）国务院《基本农田保护条例》（1998 年 12 月）

（12）《国务院办公厅关于加强湿地保护管理的通知》（国办发〔2004〕50 号）

（13）国家林业局《国家森林城市评选标准》（2012）

（14）《安徽省经济和社会发展第十二个五年规划纲要》（2011~2015 年）

（15）《安徽省"十二五"林业发展规划（2010~2015）》

（16）《中国森林生态网络体系建设安徽实践》（2007 年 8 月）

（17）《黄山市城市总体规划》（2008~2030 年）

（18）《黄山市国民经济和社会发展"十二五"规划汇编》（2010 年）

（19）《黄山市土地利用总体规划》（2006~2020 年）

（20）《黄山市城市森林建设》（2011 年）

（21）《黄山绿地系统规划》（2010~2030 年）

（22）《黄山市"十二五"旅游发展规划》（2011~2015 年）

（23）《黄山市湿地保护与合理利用规划》

（24）《黄山市"十二五"林业发展规划》（2011~2015 年）

（25）《黄山市"十二五"交通运输发展规划》（2011~2015 年）

（26）《黄山市"十二五"农业和农村经济发展规划》（2011~2015 年）

（27）《黄山市"十二五"城镇化（城镇基础设施）发展规划》（2011~2015 年）

（28）黄山市林业局、水利局、农业局、环保局、住建委、规划局、交通局及其他相关部门提供的有关资料及发展计划

第六章 黄山森林城市建设总体目标与指标

一、创建基础

黄山围绕打造低碳型绿色生态城的目标，全面开展城区绿化建设，提升城区绿化水平，以实施生态文明村镇建设工程，加强村镇庄道路绿化、四旁绿化建设，完善森林生态网络体系，使黄山城乡面貌焕然一新，人居环境不断改善，生态文化载体逐渐丰富，成效显著。

对照《国家森林城市评价指标》，黄山在森林城市建设中，所有量化指标均已达标，但在林地土壤保育、科普场所、森林资源和生态功能监测等方面还有待于进一步加强和提高，具体情况见表6-1。

表6-1 黄山森林城市建设与国家森林城市评价指标对照

序号	国家森林城市评价指标	黄山达标情况
（一）	**总体要求**	
1	**形成森林网络空间格局。**在市域范围内，通过林水相依、林山相依、林城相依、林路相依、林村相依、林居相依等模式，建立城市森林网络空间格局	达标
2	**采取近自然建设模式。**按照森林生态系统演替规律和近自然林业经营理论，因地制宜，确定营林模式、树种配置、管护措施等，使造林树种本地化，林分结构层次化，林种搭配合理化，促进生态系统稳定性	达标
3	**坚持城乡统筹发展。**对市域范围内的城乡生态建设统筹考虑，实现规划、投资、建设、管理的一体化	有待提高
4	**体现鲜明地方特色。**从当地的经济社会发展水平、自然条件和历史文化传承出发，实现自然与人文相结合，历史文化与城市现代化建设相交融	基本达标
5	**推广节约建设措施。**推广节水、节能、节力、节财的生态技术措施和可持续管理手段，降低城市森林建设与管护成本	基本达标
6	**实现建设成果惠民。**坚持以人为本，在森林城市的规划、建设和管理过程中，充分考虑市民的需求，最大限度地为市民提供便利	基本达标
（二）	**城市森林网络**	
7	**市域森林覆盖率。**年降水量800毫米以上地区的城市市域森林覆盖率达到35%以上，且分布均匀，其中三分之二以上的区、县森林覆盖率应达到35%以上	达标，现状值为77.4%
8	**城区绿化覆盖率。**城区绿化覆盖率达40%以上	达标，现状值49.8%
9	**城区人均公园绿地面积。**城区人均公园绿地面积达11平方米以上	达标，现状值15.8平方米

（续）

序号	国家森林城市评价指标	黄山达标情况
10	**城区乔木种植比例。**城区绿地建设应该注重提高乔木种植比例，其栽植面积应占到绿地面积的60%以上	达标，现状值为65%
11	**城区街道绿化。**城区街道的树冠覆盖率达25%以上	达标，现状值为46%
12	**城区地面停车场绿化。**自创建以来，城区新建地面停车场的乔木树冠覆盖率达30%以上	达标，现状值为38%
13	**城市重要水源地绿化。**城市重要水源地森林植被保护完好，功能完善，森林覆盖率达到70%以上，水质净化和水源涵养作用得到有效发挥	达标，现状值为74%
14	**休闲游憩绿地建设。**城区建有多处以各类公园为主的休闲绿地，分布均匀，使市民出门500米有休闲绿地，基本满足本市居民日常游憩需求；郊区建有森林公园、湿地公园和其他面积20公顷以上的郊野公园等大型生态旅游休闲场所5处以上	达标
15	**村屯绿化。**村旁、路旁、水旁、宅旁基本绿化，集中居住型村庄林木绿化率达30%，分散居住型村庄达15%以上	达标，现状值为58%
16	**森林生态廊道建设。**主要森林、湿地等生态区域之间建有贯通性的森林生态廊道，宽度能够满足本地区关键物种迁徙需要	达标
17	**水岸绿化。**江、河、湖、海、库等水体沿岸注重自然生态保护，水岸林木绿化率达80%以上。在不影响行洪安全的前提下，采用近自然的水岸绿化模式，形成城市特有的水源保护林和风景带	达标，现状值为82%
18	**道路绿化。**公路、铁路等道路绿化注重与周边自然、人文景观的结合与协调，因地制宜开展乔木、灌木、花草等多种形式的绿化，林木绿化率达80%以上，形成绿色景观通道	达标，现状值81%
19	**农田林网建设。**城市郊区农田林网建设按照国家林业局《生态公益林建设技术规程》要求达标	山区，无需建设
20	**防护隔离林带建设。**城市周边、城市组团之间、城市功能分区和过渡区建有生态防护隔离带，减缓城市热岛效应、净化生态功效显著	达标
（三）	**城市森林健康**	
21	**乡土树种使用。**植物以乡土树种为主，乡土树种数量占城市绿化树种使用数量的80%以上	达标，现状值为80%
22	**树种丰富度。**城市森林树种丰富多样，城区某一个树种的栽植数量不超过树木总数量的20%	达标，现状值为15%
23	**郊区森林自然度。**郊区森林质量不断提高，森林植物群落演替自然，其自然度应不低于0.5	达标，现状值为0.51
24	**造林苗木使用。**城市森林营造应以苗圃培育的苗木为主，因地制宜地使用大、中、小苗和优质苗木。禁止从农村和山上移植古树、大树进城	达标
25	**森林保护。**自创建以来，没有发生严重非法侵占林地、湿地，破坏森林资源，滥捕乱猎野生动物等重大案件	达标
26	**生物多样性保护。**注重保护和选用留鸟、引鸟树种植物以及其他有利于增加生物多样性的乡土植物，保护各种野生动植物，构建生态廊道，营造良好的野生动物生活、栖息自然生境	达标

（续）

序号	国家森林城市评价指标	黄山达标情况
27	**林地土壤保育**。积极改善与保护城市森林土壤和湿地环境，尽量利用木质材料等有机覆盖物保育土壤，减少城市水土流失和粉尘侵害	有待加强
28	**森林抚育与林木管理**。采取近自然的抚育管理方式，不搞过度的整齐划一和对植物进行过度修剪	基本达标
（四）	**城市林业经济**	
29	**生态旅游**。加强森林公园、湿地公园和自然保护区的基础设施建设，注重郊区乡村绿化、美化建设与健身、休闲、采摘、观光等多种形式的生态旅游相结合，积极发展森林人家，建立特色乡村、生态休闲村镇	有待提升
30	**林产基地**。建设特色经济林、林下种养殖、用材林等林业产业基地，农民涉林收入逐年增加	达标
31	**林木苗圃**。全市绿化苗木生产基本满足本市绿化需要，苗木自给率达80%以上，并建有优良乡土绿化树种培育基地	达标，现状值为89%
（五）	**城市生态文化**	
32	**科普场所**。在森林公园、湿地公园、植物园、动物园、自然保护区的开放区等公众游憩地，设有专门的科普小标识、科普宣传栏、科普馆等生态知识教育设施和场所	有待加强
33	**义务植树**。认真组织全民义务植树，广泛开展城市绿地认建、认养、认管等多种形式的社会参与绿化活动，建立义务植树登记卡和跟踪制度，全民义务植树尽责率达80%以上	达标，现状值为88%
34	**科普活动**。每年举办市级生态科普活动5次以上	达标，现状值为9次/年
35	**古树名木**。古树名木管理规范，档案齐全，保护措施到位，古树名木保护率达100%	达标
36	**市树市花**。经依法民主议定，确定市树、市花，并在城乡绿化中广泛应用	达标（市树：黄山松，市花：黄山杜鹃）
37	**公众态度**。公众对森林城市建设的支持率和满意度应达到90%	达标，现状值分别为94%、95%
（六）	**城市森林管理**	
38	**组织领导**。党委政府高度重视，按照国家林业局正式批复同意开展创建活动2年以上，创建工作指导思想明确，组织机构健全，政策措施有力，成效明显	达标
39	**保障制度**。国家和地方有关林业、绿化的方针、政策、法律、法规得到有效贯彻执行，相关法规和管理制度建设配套高效	达标
40	**科学规划**。编制《国家森林城市建设总体规划》，并通过政府审议、颁布实施2年以上，能按期完成年度任务，并有相应的检查考核制度	正在实施（注：黄山市2010年编制《森林城市建设总体规划》初稿，本次规划是在上次规划基础上的不断完善与提升）
41	**投入机制**。把城市森林作为城市基础设施建设的重要内容纳入各级政府公共财政预算，建立政府引导、社会公益力量参与的投入机制。自申请创建以来，城市森林建设资金逐年增加	正在实施

（续）

序号	国家森林城市评价指标	黄山达标情况
42	**科技支撑**。城市森林建设有长期稳定的科技支撑措施，按照相关的技术标准实施，制订符合地方实际的城市森林营造、管护和更新等技术规范和手册，并有一定的专业科技人才保障	正在实施
43	**生态服务**。财政投资建设的森林公园、湿地公园以及各类城市公园、绿地原则上都应免费向公众开发，最大限度地让公众享受森林城市建设成果	达标
44	**森林资源和生态功能监测**。开展城市森林资源和生态功能监测，掌握森林资源的变化动态，核算城市森林的生态功能效益，为建设和发展城市森林提供科学依据	有待加强
45	**档案管理**。城市森林资源管理档案完整、规范，相关技术图件齐备，实现科学化、信息化管理	正在完善

二、总体目标

到 2015 年，针对国家森林城市建设指标及城市居民对黄山城市森林建设的需求，重点加强水岸绿化、道路绿化、使用乡土树种和郊区人工林改造，进一步提升城市森林质量，坚持城乡统筹发展，强化生态文化载体建设，使森林覆盖率由 77.4% 提高至 77.6%，城区绿化覆盖率由 49.8% 提高至 50.5%，城区人均公园绿地面积由 15.8 平方米提高至 16.0 平方米，村庄绿化率稳定在 58%，水岸绿化率提高至 83%，道路绿化率提高至 82%，新增生态文化示范基地 5 处，全面达到国家森林城市指标；形成森林围城、碧水穿城、林水相依、林路相衬、林居相嵌的城市森林生态系统空间格局，建成国家森林城市。

到 2020 年，以提升城市森林质量、增加产业富民能力、丰富生态文化内涵为主要目标，使全市森林覆盖率稳定在 77.8% 以上，建成区人均公园绿地面积达 16.5 平方米，城区绿化覆盖率达 50.5%，水岸绿化率达 85%，新建生态文化示范基地 5 处，初步建成完备的森林生态体系、繁荣的生态文化体系和发达的生态产业体系，实现城中林荫气爽、村庄绿树相映、山区鸟语花香、河流水清鱼跃，把黄山打造成为国际化生态旅游城市。

三、发展指标

根据黄山市社会、经济、自然、地理、资源、环境、生态、人文方面的要求，确定森林城市发展总体控制指标，其目的主要是为森林城市制定切实可行的发展目标，为森林城市发展总体规划的制订提供宏观控制指标，引导森林城市建设与其他行业的协调发展。

（一）指标体系构建

黄山森林城市发展指标的确定要与黄山市社会经济现代化发展要求相符合，保障黄山和区域生态安全，推进城市森林发展，创造良好的人居环境，弘扬特色文化，传承人文精神，为黄山森林城市发展规划提供基础依据。

根据黄山的具体情况，以可持续发展理论、系统科学理论、景观生态学理论、生态经济学理论为指导，结合国家森林城市创建的指标，从生态、产业和文化三个方面综合分析与考虑，按照系统层次性原则，构建黄山森林城市建设指标体系框架（图 6-1）。

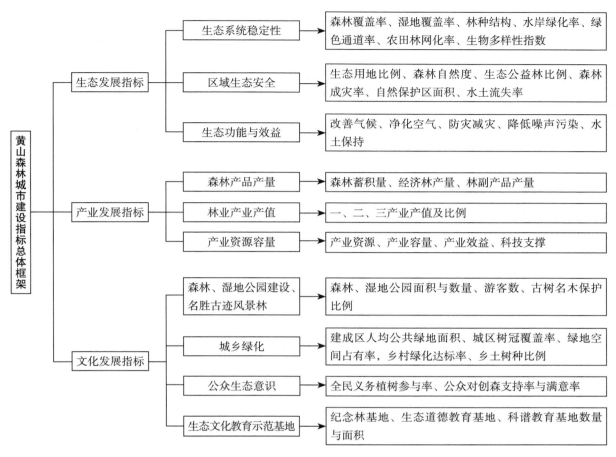

图 6-1　黄山森林城市建设指标体系框架

（二）核心指标选取原则

黄山创建国家森林城市指标的选取及发展指标的确定遵循以下原则：

（1）针对性原则：标准的选择依据国家森林城市指标和现代林业发展要求进行选取，同时突出黄山的经济地位、地域特征、自然条件和深厚的历史文化，体现黄山的自然、社会、经济、文化等特色。

（2）前瞻性原则：结合黄山发展的现状，充分考虑黄山市未来社会经济发展的定位与区位特征，制定对未来黄山市生态安全提供切实保障的发展指标，这些指标同时也要适应黄山市社会经济发展对城市林业产业发展的需求。

（3）科学性原则：城市森林的发展是一项长期的工作，生态环境的改善更是一项复杂的工程，涉及的内容和类别方方面面，指标多且繁，任何不切实际的指标都会影响整个城市森林发展乃至生态建设的步伐。指标的确定必须以科学为根本，突出科学性原则，并以此达到指标的超前性和新颖性。

（4）可行性原则：根据黄山市社会经济发展的现状、森林城市发展的现状以及林业发展的目标，指标的选择力求简洁易行，必须遵循实际的可操作性，也就是可行性原则。

（5）综合性原则：既能用不多的指标反映森林城市建设的发展目标，同时，这些有限的指标又能反映复杂的林业生态工程和林业产业工程建设内容。因而，综合相关的标准，完善林业建设指标体系，突出综合性原则。

（三）核心指标确定

按照国家森林城市建设指标，选择森林覆盖率、城区绿化覆盖率、城区人均公园绿地面积、城区街道树冠覆盖率、村庄绿化率、乡土树种使用率、生态文化示范基地等27项核心指标。在深入分析黄山城市林业发展现状的基础上，根据黄山土地利用潜力及经济社会发展和生态环境建设的需求，围绕国家森林城市指标，参照国内外城市林业建设实践与建设标准及黄山相关发展规划，结合卫星遥感数据的解译分析，从水土资源承载力、土地利用变化、水资源开发利用、大气环境保护、水环境保护、人居环境优化、林业发展、生态安全、社会经济发展、历史文化传承、人口变化等方面综合分析与考虑，对核心指标进行分阶段量化（表6-2、表6-3）。

表 6-2　黄山森林城市建设指标

编号	指标内容	国家森林城市指标	2011 年	2015 年	2020 年
1.	森林覆盖率（%）	≥35	77.4	77.6	≥77.8
2.	城区绿化覆盖率（%）	≥40	49.8	50.5	51.5
3.	城区人均公园绿地面积（平方米）	≥11	15.8	16.0	16.5
4.	城区乔木比例（%）	≥60	65	66	67
5.	城区街道树冠覆盖率（%）	≥25	46	46	47
6.	新建地面停车场树冠覆盖率（%）	≥30	38	40	40
7.	村庄绿化率（%）	30	58	≥58	≥58
8.	水岸绿化率（%）	≥80	79	83	85
9.	道路绿化率（%）	≥80	81	82	85
10.	乡土树种使用率（%）	≥80	76	81	83
11.	城区单一树种数量比例（%）	≤20	15	14	13
12.	郊区森林自然度	≥0.5	0.49	0.5	0.51
13.	郊区大型生态旅游休闲场所（处）	≥5	10	12	15
14.	苗木自给率（%）	≥80	89	90	92
15.	生态文化示范基地（处）		80	85	90
16.	全民义务植树尽责率（%）	80	88	89	90
17.	生态科普活动（次/年）	≥5	9	9	10
18.	古树名木保护率（%）	100	100	100	100
19.	公园免费开放率（%）	100	100	100	100
20.	都市水源地森林覆盖率（%）	≥70	74	75	77
21.	受保护土地面积比例（%）		13.94	15.00	16.50
22.	林业总产值（亿元）		111.68	220.50	350.00
23.	森林蓄积量（万立方米）		3373	3500	3650

（续）

编号	指标内容		国家森林城市指标	2011 年	2015 年	2020 年
24.	森林公园数量 / 面积（个 / 公顷）			10/29852.1	11/31800	12/34000
25.	森林火灾受害率（‰）		≤0.3	0.1	≤0.3	≤0.3
26.	矿山土地复垦率（%）			29.26	65.00	80.00
27.	公众态度	支持率（%）	≥90	95	96	97
		满意度（%）	≥90	94	95	95

表 6-3　指标计算方法和指标意义

	指标及其计算方法	指标作用
1.	森林覆盖率（%）= ∑（有林地面积 + 国家规定的灌木林面积）/ 土地总面积 ×100	体现森林资源保护、造林绿化建设成就
2.	建成区绿化覆盖率（%）= ∑建成区绿化覆盖面积 / 建成区总面积 ×100	反映城市绿地占有空间的份额，体现绿地在建成区发挥生态功能的平台大小
3.	城区人均公园绿地面积 = ∑建成区各类绿地覆盖面积 / 城市人口	反映城市建成区绿地情况，直接反映城市居民享有生态服务的相对水平
4.	城区乔木比例（%）= 城区乔木覆盖面积 / 城区各类绿地覆盖面积 ×100	反映城区绿化使用乔木树种的情况，在一定程度上反映城市绿化垂直空间利用的充分程度
5.	城区街道树冠覆盖率（%）= 城区内道路树冠覆盖面积之和 / 区域内道路面积 ×100	反映城区街道乔木树种使用情况
6.	新建地面停车场树冠覆盖率指近两年建设的停车场树冠覆盖程度	反映改善城市停车环境的成果及城市森林建设的理念
7.	村庄绿化率（%）：指村旁、路旁、水旁、宅旁基本绿化，且集中居住型村屯林木绿化率达 30%，分散居住型村屯达 15% 以上的村庄数比例	反映村庄村旁、路旁、水旁、宅旁基本绿化情况
8.	水岸绿化率（%）= ∑（干流两岸 + 主要水库库岸 + 主要湖泊岸边 + 主要水塘岸边）绿化长度 / ∑（干流两岸 + 主要水库库岸 + 主要湖泊岸边 + 主要水塘岸边）适宜绿化长度 ×100	反映水体沿岸的水源涵养林、水体净化防护林带等完备的程度，同时也反映森林网络体系健康程度
9.	道路绿化率（%）= ∑县级以上交通线绿化长度 / 县级以上交通线适宜绿化里程 ×100	反映公路、铁路等交通沿线的绿化状况，体现对野生动物的保护力度和绿色屏障建设状况
10.	乡土树种使用率（%）= 乡土树种数量 / 所有树种数量 ×100	反映城市森林健康状况的重要指标之一
11.	城区单一树种数量比例指城区某一个树种的栽植数量与树木总数量的比例	反映城市森林树种丰富多样性，防止城区树种的栽植数量单一化
12.	森林自然度是对区域内森林资源接近地带性顶级群落（或原生乡土植物群落）的测度，可用公式表示为：区域森林自然度 $N = \sum_{i=I}^{V} M_i \cdot Q_i \Big/ \sum_{i=I}^{V} M_i$（$i$=I，II……V）式中：$N$ 为区域森林自然度；M_i 为区域内自然度等级为 i 的森林资源面积；Q_i 为区域内自然度等级为 i 的森林资源权重	城市林业建设近自然林的发展目标是一个重要的评价指数，在一定程度上体现林分的质量

（续）

	指标及其计算方法	指标作用
13.	郊区大型生态旅游休闲场所包括郊区建有森林公园、湿地公园和其他面积 20 公顷以上的郊野公园等	反映城市为市民提供生态旅游休闲的状况
14.	苗木自给率（％）	反映城市森林建设苗木的健康与质量保障程度
15.	生态文化示范基地（包括植物园、森林公园、湿地公园、科普馆等生态文化宣传、参与场所）	体现森林、湿地等林业资源的生态文化价值，以及相关生态文化产品与服务的开发状况
16.	全民义务植树尽责率（％）＝∑ 履行义务植树人数 / 应尽义务总人数 ×100	反映全民参与义务植树及生态意识的情况
17.	生态科普活动	体现对生态科普重视的程度
18.	古树名木保护率（％）	体现对绿色文明、生态历史文化的保护力度
19.	公园免费开放率（％）主要指由市级财政投资建设与管理的公园免费开放情况	体现森林城市建设成果惠民情况
20.	都市水源地森林覆盖率（％）	反映城市重要水源地森林植被保护、水质净化和水源涵养情况
21.	受保护土地面积比例（％）	反映对区域生物多样性及资源保护的情况
22.	林业产业总产值是指包括林业一、二、三产业的产值之和	反映森林资源的产业开发水平
23.	森林蓄积量＝∑ 各类林分蓄积量	反映森林的生物量与质量
24.	森林公园数量：包括县市级、省级、国家级等各类森林公园的数量	反映人们享受森林休闲游憩空间大小，是发展生态旅游的重要载体
25.	森林火灾受害率（‰）＝∑ 过火受害面积 / 林地总面积 ×1000	反映森林防火情况
26.	矿山土地复垦率（％）＝矿山土地的复垦面积 / 需复垦的矿山土地面积 ×100	反映矿山土地复垦的情况
27.	公众态度：公众对森林城市建设的支持率和满意度	主要反映森林城市建设宣传发动程度及其惠民程度

第七章　黄山森林城市建设总体布局

一、布局理论、原则与依据

（一）布局理论

（1）景观生态学的"斑块—廊道—基质"理论

（2）中国森林生态网络"点、线、面、体"理论

（3）生态系统结构与功能（格局与过程）理论

（4）森林景观恢复理论

（5）城市规划理论

（6）人地关系可持续发展理论

（7）城市灾害学

（8）环境经济学原理

（二）布局原则

（1）森林城市建设与国家宏观发展战略相结合

（2）森林城市建设与黄山城市发展总体规划相结合

（3）森林城市建设与城乡居民的多种需求相结合

（4）森林城市建设与人工景观的美化映衬相结合

（5）森林城市建设与湿地水网系统的健康相结合

（6）森林城市建设与城市文脉的传承与拓展相结合

（三）布局依据

（1）依据森林资源分布优化森林生态网络；

（2）综合自然地貌确定城市森林主要目标类型；

（3）针对生态环境问题布局重点防护林；

（4）综合生态敏感区划确定生态保护林布局；

（5）结合居民需求布局景观游憩等产业与文化林。

二、空间布局：一核一环　二轴二区　十园百片千点

充分发挥黄山"八分半山一分水，半分农田和庄园"的自然生态特色，依据黄山市城市发展空间格局、大型基础设施布局、自然山水形态、世界文化遗产布局和山区产业特色，

构建以"一核一环，二轴二区，十园百片千点"为骨架的城乡一体生态民生布局框架体系。具体表述为：

（一）一核：都市区绿色福利空间组团

"一核"以黄山市规划南部城镇密集区为主要空间范围，组团面积 700 平方公里，主要包括屯溪区，徽州区岩寺、潜口、西溪南，歙县的徽城、郑村镇、王村镇，休宁海阳、万安、齐云山镇等。本区是黄山经济最为发达、城市化水平最高、人口最为密集的区域。该地区的城市森林建设既是改善城市生态环境，提高人居环境质量的现实的需要，也是体现黄山宜居魅力生态品质的绿色窗口，对于提高区域环境竞争力和扩容城市生态载荷能力都将具有十分重要的意义。战略重点：一是完善城市休闲游憩基础设施建设，科学规划和建设贯通串联型慢行绿道网络；二是按照社区周边"300 米见绿，500 米见园"的布局要求，合理增加城市中、小型公园的布局密度和均匀程度，为市民提供高品质的便捷日常休闲场所；三是加强以"森林社区""森林园区""森林校区""绿荫车场"和"景观阳台"为主体，构筑科学合理的都市区绿色福利空间体系；四是加强道路、河流景观林带的抚育管理，提升城市出入口和骨干景观道路绿化效果，形成人景交融的优美的生态景观通道。

（二）一环：环城森林生态游憩圈

以都市区周边山体为主要范围，"一环"既是维护黄山都市核心区生态安全的首要屏障，又是黄山居民开展运动休闲活动的重要基地。战略重点：一是加强城市周边环境脆弱区域的生态治理，加强幼林的抚育和林分结构的优化调整，逐步提高城区周边林分的自然化程度和系统稳定性；二是利用优质的森林景观资源和文化资源，合理开发森林游憩项目、森林运动项目和生态文化体验项目，使其成为进行体验自然、放松身心、休闲旅游和山地游憩的理想场所。

（三）两轴：两条生态人文景观轴

东西向生态景观轴：以徽杭高速公路、326 省道、黄祁景高速为依托，以两侧第一重可视山脊为主要范围。

南北向生态景观轴：以合铜黄高速公路、205 国道、皖赣铁路、京福高速铁路为依托，以两侧第一重可视山脊为主要范围。

战略重点：一是要加强通道两侧森林资源的培育和优化改造，构建风景秀丽的美丽通道景观线；二是发挥沿途精品龙头基地的拉动和集聚效应，合理开发以观光旅游、运动休闲、农家餐饮、森林食品、林产加工等为主题的生态经济产业，形成富裕和谐的林产富民线。

（四）两区：两大生态人文发展区

区一：环黄山绿色生态人文发展区。以黄山风景名胜区为核心，以汤口、甘棠、焦村、耿城、谭家桥、太平湖镇等风景区外围城镇为主要范围。

区二：世界文化遗产地生态发展区。以碧阳镇、宏村镇、西递镇、祁山镇为主要范围。

"二区"是黄山市生态人文聚合发展区，人口较多，客流密集，生态环境服务价值重要。战略重点：一是围绕世界文化遗产和自然遗产的保护与开发利用，改善内外部绿色景观环境条件，丰富森林文化内涵，构筑景观丰富、生态安全的绿色人文发展环境；二是加强城镇区域以道路绿地、公园绿地为主的绿色基础设施建设，构筑方便怡人的城镇居住环境。三是构筑环世界文化遗产和自然遗产地的高标准生物防火防虫林带，保障景区生态安全。

（五）十园：十大生态文化商务园区

整合现有精品山水生态产业资源，挖掘文化内涵，加快建设一批品位高、立意深的大型综合服务基地，打造具有广泛影响力的生态文化产业知名品牌。

（1）金竹山城市中央公园

（2）新安江山水画廊

（3）皖南林业生态文化展示区

（4）牯牛降森林生态文化综合体

（5）太平湖湿地生态文化综合体

（6）清凉峰"天然之旅"养生度假综合体

（7）生态茶园休闲嘉年华

（8）查湾常绿阔叶森林科教综合体

（9）徽州人居生态文化风情园

（10）齐云山森林休闲度假乐园

（六）百片：百个特色民生林业沟谷产业经济片区

针对黄山市山区流域经济特点和生态产业发展需求，提出以"民生林业特色沟谷产业经济片区"为发展线索的山区绿色发展之路。"民生林业特色沟谷产业经济片区"是集山区生态保育、特色林产、立体经济、观光休闲和新农村建设发展为一体的山区林业生态经济发展模式。

主要模式：生态旅游欢乐谷、徽韵农庄休闲走廊、山野绿色食品产业片区、林下经济产业片区、特色茶园产业片区、特色果园产业片区、竹乡综合产业带片区。

战略重点：一是充分保护和恢复河流和山路两侧原生态景观风貌，加强沟域山地森林资源的保护与恢复，涵养优质水源，构建良好沟域生态环境和美丽村镇环境；二是通过对沟峪内部的环境、景观、村庄、产业进行统一规划，建成内容多样、形式不同、产业融合、特色鲜明的具有一定规模的沟峪林业产业经济带，使山区林业与旅游业进行有效的对接和融合，有效地提升了林产品的附加值。

（七）千点：千个生态民生福利单元

依托乡村资源特色和人力资源条件，科学培育精细高效化林业产业基地，改造建设山区美丽村镇，打造千个生态民生福利单元。逐步引导山区居民从单纯的农林业生产中解脱出来，从事林产品生产与深加工、旅游产品的开发制作和民俗旅游接待等工作，让山区居民充分享受生态环境带来的高效益，提高山区居民的物质生活水平和精神文明品质。战略重点：

（1）一百个：田园风情绿色小镇；

（2）二百个：星级生态休闲庄园；

（3）三百个：高效林产富民园区；

（4）四百个：徽韵风貌美丽山村。

第八章　黄山森林城市建设重点工程

一、城区绿色福利空间建设工程

（一）中心都市区

黄山市中心都市区以黄山市中心城区及城近郊生态敏感区为主要范围，并包含金竹山公园的全部区域。

1. 建设现状

近年来，黄山市结合绿色质量提升行动和"三小"（小街、小巷、小区）改造工程，建设了一批各具特色的城市公园、沿河绿地、小区绿地，以及多条城市绿色廊道和城市防护林带，其中滨水带状公园的建设成果尤为令人瞩目，沿着三条主要的城市水系布置了丰富的滨水景观，服务半径覆盖了整个屯溪区的中部区域，同时结合各类街头绿地，为城区市民提供了早晚锻炼的优良休闲环境。至 2011 年年底，人均公园绿地面积 15.8 平方米，建成区绿地率 46.9%，建成区绿化覆盖率 49.8%。

2. 建设目标

以改善主城区生态环境质量，提升城区景观和拓展市民日常游憩空间为出发点，进一步挖掘主城区绿色福利空间，加强城市公园、单位、社区公园、道路和街头绿地建设，提高道路绿化和滨河绿化的质量，不断扩大城市绿地面积，提升城市绿量，提高园林绿化总体水平和景观层次，构建完备的城市森林景观和生态安全体系。

2012~2015 年，新增和提升改造公园绿地 250.23 公顷，人均公园绿地达到 16.0 平方米。2016~2020 年，在对前期建设成果进行精细化管理的基础上，进一步加强城市扩张区域的公园及街头绿地建设，新建道路绿地、社区单位绿地和慢行绿道，再增加各类公园面积 248.72 公顷，使人均公园绿地面积达到 16.5 平方米。

3. 建设内容

（1）金竹山城市中央公园。金竹山位于屯溪、歙县交界处，属于黄山山脉，是城市大型绿地斑块，植被保护良好，仅开发一处花山——渐江风景名胜区。规划进一步扩大风景名胜区的范围，依托丰富的自然景观，建设金竹山生态公园，面积 1 万公顷，以打造城市森林公园为目标，以保护生态环境、弘扬生态文化为宗旨，以开发多种户外康体运动为内容，营造森林拥抱城市的空间效果。

2012~2015 年，完善公园基础设施建设，延伸花山——渐江风景名胜区景观特色，深化森林资源的开发利用，依托山体打造长度 10 公里的游憩绿道，森林运动休闲场地达到 2 万平方米以上，500 平方米以上的森林日光剧场（聚会场所）达到 3 处。2016~2020 年，建立系统的登山游憩绿道，新增长度 15 公里，新增森林运动休闲场地达到 3 万平方米以上，新增 500 平方米以上的森林日光聚会场所 2 处，把金竹山打造成融入市民生活的城市绿肺。

（2）公园。参照城市公园分布现状以及《黄山市城市绿地系统规划（2008~2030 年）》，按照服务半径原则，在现有公园基础上完成对综合公园、带状公园、专类公园的改造提升，并新建一些公园，满足市民对城市公园的需求（表 8-1）。新建公园应以绿化为主，合理搭配乔木、灌木和地被及常绿树和落叶树，体现北亚热带城市的风貌，为公园营建丰富多彩的植物景观。

● 综合公园。综合性公园在建设上本着因地制宜的原则，利用地形、水体和植物群落营造多样的空间效果，为市民提供休闲活动场所，用不同的功能分区满足各年龄段市民的需求。至 2020 年，新建全市性公园 6 个，总面积 222.80 公顷；改造及新建区域性公园 6 个，面积 84.42 公顷。全市性公园与区域性公园的服务半径基本上涵盖了全市建成区的主要范围，构成全市公园系统的基本框架。

● 专类公园。专类公园包括游乐公园、植物园、风景名胜园和其他类公园。游乐公园以多样的活动设施和彩叶树种为主，用颜色烘托活泼的气氛。植物园作为植被种质资源库基地，以徽州乡土植物为主，突出皖南植被的特点。风景名胜公园注重对原有自然风光的保护，合理开辟游览路线，为市民提供游览观赏、进行科学文化活动的空间。至 2015 年，改造和新建专类公园 3 个，总面积 27.42 公顷；至 2020 年，新建专类公园 3 个，面积 40.47 公顷。

● 带状公园。带状公园主要为沿城市道路、水滨而设置，一般呈狭长形，在城市绿地中独具特色，是城市生态的重要绿色廊道。根据黄山城市总体规划的要求，随着新城区组团的开发建设，规划与新安江、横江、率水河以及新城区内多条水系结合，增加多条滨河带状公园，形成贯穿全市的带状公园网络，充分体现黄山市山水城一体的景观绿化格局。至 2015 年改造及新建带状公园 5 处，面积 75.07 公顷；至 2020 年新增面积 61.56 公顷。

表 8-1　公园绿地分期建设一览表

性质	序号	公园名称	面积（公顷）	位置	建设时间		备注
					2012~2015	2016~2020	
全市性公园	1.	金鸡峰公园	86.12	梅林大道与二号路交口	√		新建
	2.	霞塘公园	17.19	二号路西侧	√		新建
	3.	太阳山公园	30.45	一号路与外环路交口		√	新建
	4.	中心公园	20.4	徽州路与九号路交口		√	新建
	5.	上竹山公园	65.79	齐云大道西端		√	新建
	6.	朱坊公园	2.85	纬一路与兴四路交口	√		新建
		合计	222.80				

（续）

性质	序号	公园名称	面积（公顷）	位置	建设时间 2012~2015	建设时间 2016~2020	备注
区域性公园	1	阳湖公园	20.54	南滨江西路南侧	√		改造提升
	2	新安公园	15.68	南滨江西路与佩琅河路交口	√		改造提升
	3	江心洲公园	5.36	新安大桥下	√		改造提升
	4	潜山公园	10.44	梅林大道与一环路交口		√	新建
	5	居安公园	19.26	十四号路南侧		√	新建
	6	群联公园	4.58	新城大道与梅林大道交口		√	新建
	7	长林公园	8.56	徽州路与十号路交口		√	新建
		合计	84.42				
专类公园	1	广宇湿地公园	9.91	广宇桥南岸东侧	√		改造提升
	2	黎阳公园	18.10	横江路北侧		√	新建
	3	尤溪公园	14.48	徽州大道与花山路交口		√	新建
	4	新潭公园	5.3	齐云大道与环城西路交口	√		新建
	5	城西公园	7.89	南山路南侧		√	新建
	6	桃花岛植物园	12.21	横江江心洲	√		改建提升
		合计	67.89				
带状公园	1	佩河公园	12.79	佩琅河路西侧		√	新建
	2	新安江延伸段	17.1	滨江路南侧	√		改造提升
	3	三江口滨江绿带	8.70	南滨江路北侧	√		改造提升
	4	南滨江景观带延伸段	4.65	南滨江路北侧	√		改造提升
	5	磨云公园	13.62	五号路与六号路交口		√	新建
	6	石门公园	11.30	六号路南侧沿线		√	新建
	7	焦充公园	8.93	梅林大道与二号路交口		√	新建
	8	百川公园	14.92	十号路与十一号路交口		√	新建
	9	丰乐滨河带状游园	40.27	外环路与滨河路交口	√		新建
	10	溪水公园	4.35	外环路与龙井五路交口	√		新建
		合计	136.63				

（3）居住区公园及小游园建设（表8-2）。中心城区由于绿化空间有限，必须充分挖掘分布于建筑、街道、机关单位、社区之间的绿化用地潜力，通过居住区内以及相邻居住区间的公园绿地、庭院小区绿地的建设，提高绿地面积，同时加强抚育管理工作，提高绿地质量。社区公园布局主要考虑在居民较集中的地区安排，弥补综合公园的不足，更方便居民使用。植物配置方面，提倡以高大乔木为主体的绿化格局，增加保健型植物群落的比重，不用或少用带刺、飞毛多、有毒、易造成皮肤过敏的植物；在适地适树的基础上，注意与住宅建筑风格相协调，并与城区的绿地系统相联系，创造兼具较高的生态效益和艺术感染力的植物景观，提高人们的生存质量和城市的生态质量。

按照《城市居住区规划设计规范（2011年版）》要求，组团级公共绿地面积应不小于总用地面积的4%，且应不小于0.5平方米/人；小区级（含组团级）公共绿地面积应不小于总用地面积的7%，且应不小于1平方米/人；居住区级（含组团级和小区级）公共绿地面积应不小于总用地面积的 10%，且应不小于 1.5 平方米/人。绿化面积（含水面）不宜小于总绿地面积的 70%；旧区改建可酌情降低，但不宜低于相应指标的 70%。

表 8-2　居住区公园及小游园建设一览表

类型	序号	公园名称	面积（公顷）	位置	建设时间 2012~2015	建设时间 2016~2020	备注
社区公园	1	昱中花园	1.60	新安北路和黄山中路交叉口	√		改造提升
	2	荷花池广场	1.09	黄山路与前园路交叉口	√		改造提升
	3	市民中心广场	1.00	新安北路	√		改造提升
	4	仙人洞公园	2.00	仙人洞路以北	√		改造提升
	5	碗山公园	1.50	屯光大道与湖边路交口	√		改造提升
	6	兖山公园	3.45	新安大道南端		√	新建
	7	湖边公园	1.53	新区路与滨江路交口	√		新建
	8	百川路社区公园	1.73	百川路北部		√	新建
	9	徽州路社区公园	1.51	徽州路以南	√		新建
	10	长林社区公园	1.58	长林公园以东	√		新建
	11	兴四路社区公园	1.77	兴四路与纬三路交口		√	新建
	12	外环路社区公园	1.07	外环路以南		√	新建
	13	兴五路社区公园	1.89	兴五路与纬三路交叉口		√	新建
	14	文峰西路社区公园	1.43	文峰西路以东		√	新建
	合计		23.15				
小游园	1	老街片区	0.40		√		改造提升
	2	政府东片区	1.35		√		改造提升
	3	政府西片区	1.65		√		改造提升
	4	火车站西片区	0.75		√		改造提升
	5	中心片区	1.20		√		改造提升
	6	黎阳老街片区	1.50		√		改造提升
	7	黎阳南部片区	0.80		√		改造提升
	8	阳湖西片区	3.30		√		改造提升
	9	阳湖东片区	4.10			√	新建
	10	新潭片区	4.70			√	新建
	11	梅林片东区	4.10			√	新建
	12	梅林片西区	7.70			√	新建
	13	梅林片北区	2.70			√	新建
	14	新城南片区	2.10		√		新建
	15	九龙片区	1.00			√	新建
	16	新城中心片区	5.30		√		新建
	17	新城北片区	3.90		√		新建
	18	永佳大道片区	0.85	永佳大道东侧	√		改造提升
	19		0.50	永佳大道西侧(市三院对面)	√		改造提升
	20	上街路片区	0.30	上街路与颖溪河西侧		√	新建

（续）

类型	序号	公园名称	面积（公顷）	位置	建设时间		备注
					2012~2015	2016~2020	
小游园	21	黄山路片区	0.50	南山路与黄山路西侧		√	新建
	22		0.15	黄山路—滨河北路—龙井大道组团	√		改造提升
	23	滨河路片区	0.90	滨河南路东侧文峰公园北侧		√	新建
	24	下街路片区	0.40	下街片	√		改造提升
	25	文峰路片区	2.60	文峰路北侧、南侧		√	新建
	26	外环路片区	4.40	外环北路西北侧		√	新建
		合计	57.15				

（4）道路绿地建设。为提升城市道路的"窗口"形象，应加强主城区内快速路、主次干道的绿化、美化、亮化和景观改造提升工程，使道路绿化三季有花、四季常绿。行道树宜选择深根性、分枝点高、冠大荫浓、生长健壮、适应城市道路环境条件，且落果对行人不会造成危害的树种；花灌木应选择花繁叶茂、花期长、生长健壮和便于管理的树种。

城市快速路沿车站、港区等大型公共建筑物或沿水面修建时，保持20~50米的绿化距离；通过名胜古迹、风景区的城市快速路，应保护原有自然状态和重要历史文化遗址，保持不小于20米的景观距离；靠近居住区的快速路建设不小于30米的防护林带；靠近山体的快速路，要对山体一面坡进行景观打造。至2020年，主城区共打造100条景观大道，总面积达到443.62公顷（表8-3）。

表8-3 道路绿地分期建设一览表

序号	名称	宽（米）	长度（米）	面积（公顷）	建设时间	
					2012~2015年	2016~2020年
1	百川路	50	5200	7.80	√	
2	新城大道	60	9600	17.28	√	
3	花山大道	60	4600	8.28	√	
4	三号路	30	3800	3.42		√
5	快速西路	60	11500	15.70		√
6	快速南路	60	12000	16.60		√
7	快速东路	60	13000	13.40		√
8	快速北路	60	18000	22.40		√
9	环城西路	40	1100	1.76		√
		40	3200	5.12		√
10	新安北路	30	1250	1.50	√	
		35	870	1.22	√	
11	新安南路	40	1800	2.88	√	

（续）

序号	名称	宽（米）	长度（米）	面积（公顷）	建设时间 2012~2015 年	建设时间 2016~2020 年
12	徽州大道	40	2520	4.03	√	
13		50	900	1.80	√	
		40	2780	4.45		√
14	码头路	40	840	1.34		
15	屯光大道	55	1610	3.54		√
		45	4700	8.46		√
16	北海路	45	1260	2.27		√
		35	2160	3.02		√
17	新区路	40	680	1.09	√	
18	天都大道	55	890	1.96		√
19	前园路	40	2400	3.84		√
20	黄山东路	40	1070	1.71	√	
21	黄山中路	40	1440	2.30	√	
22	齐云大道	50	9200	18.40	√	
23	迎宾大道	45	3900	7.02	√	
24	屯婺路	40	3800	6.08	√	
25	环城南路	40	4400	7.04		√
26	新安大道	40	2500	4.00	√	
27	柏山路	50	800	1.60	√	
28	梅林大道	55	20180	29.40	√	
29	梅林环一路	40	18000	23.80	√	
30	梅林二号路	50	3800	7.60	√	
31	站前路	50	8350	16.70	√	
32	阳湖一号路	35	2880	2.52	√	
33	阳湖二号路	30	1250	0.94	√	
34	西区一号路	40	8400	13.44		√
35	九龙二号路	40	5100	8.16		√
36	九龙四号路	40	3000	4.80		√
37	西区二号路	40	5200	8.32		√
38	徽州路	42	2150	3.61	√	
39	槐源路	42	4700	7.90	√	
40	梅林十九号路	42	12200	20.50		√
41	屯光一号路	24	1700	1.02		√
42	湖边路	35	620	0.54		√
43	社屋前路	35	720	0.63		√
		24	760	0.46		√
44	安东路	30	1260	0.95		√

（续）

序号	名称	宽（米）	长度（米）	面积（公顷）	建设时间 2012~2015年	建设时间 2016~2020年
45	仙人洞路	30	760	0.57	√	
		40	790	0.95	√	
		50	290	0.44	√	
46	跃进路	30	600	0.5	√	
		40	210	0.25	√	
47	华山路	20	1640	0.82	√	
48	滨江西路	20	1600	0.80		√
49	滨江中路	24	3000	1.80		√
50	滨江东路	24	2150	1.29		√
51	延安路	30	1040	0.78		√
52	长干中路	30	900	0.68		√
53	长干东路	30	710	0.53		√
54	新园西路	24	730	0.44	√	
55	新园东路	24	340	0.20	√	
56		30	2480	1.86	√	
57	黎阳街	15	1100	0.41	√	
		35	3000	2.63	√	
58	红星路	30	700	0.53		√
		24	1620	0.97		√
59	昱阳路	30	1000	0.75	√	
60	横江路	30	2650	1.99		√
61	岩休路	40	700	0.84		√
62	梅林十五号路	30	1500	1.13		√
63	梅林十六号路	30	990	0.74		√
		24	1920	1.15		√
64	麒麟路	40	450	0.54		√
65	洽阳路	35	2110	1.85		√
66	佩琅路	40	2250	2.70		√
67	花山路	30	6600	4.95	√	
68	云海路	30	450	0.34		√
69	迎宾路	30	450	0.34	√	
70	南滨江西路	30	2210	1.66	√	
71	南滨江东路	30	1080	0.81	√	
		20	940	0.47	√	
72	洽河路	30	2160	1.62	√	
73	九龙一号路	35	3960	3.47	√	

（续）

序号	名称	宽（米）	长度（米）	面积（公顷）	建设时间 2012~2015 年	建设时间 2016~2020 年
74	九龙三号路	30	1600	1.20	√	
75	九龙六号路	30	6400	4.80	√	
76	花山一号路	24	3400	2.04	√	
77	花山二号路	15	6780	2.54	√	
78	花山三号路	15	1600	0.60	√	
79	新潭一号路	24	2000	1.20		√
80	新潭二号路	24	3200	1.92		√
81	新潭三号路	24	3630	2.18		√
82	新潭四号路	24	980	0.59		√
83	新潭五号路	24	1000	0.60		√
84	新潭九号路	24	450	0.27		√
85	新潭十号路	24	350	0.21		√
86	梅林五号路	30	8260	6.20	√	
87	梅林六号路	24	1300	0.78	√	
88	梅林七号路	24	3220	1.93	√	
89	梅林八号路	30	2140	1.61	√	
90	梅林九号路	24	4080	2.45	√	
91	梅林十号路	24	950	0.57	√	
92	梅林十一号路	24	1600	0.96	√	
93	梅林十二号路	30	2900	2.18	√	
94	梅林十三号路	30	3590	2.69		√
95	梅林十四号路	30	3170	2.38		√
96	梅林十八号路	24	1840	1.10		√
97	梅林二十一号路	30	2060	1.55		√
98	梅林二十二号路	30	1480	1.11		√
99	梅林二十号路	30	2860	2.15		√
100	梅林十七号路	30	4540	3.41		√
合计				443.62		

（5）慢行游憩绿道。慢行游憩绿道是一种线形绿色开敞空间,通常沿着河滨、溪谷、山脊、风景道路等自然和人工廊道建立，内设供行人和骑车者进入的景观游憩线路，内部人行步道宽度 2 米以上，自行车道宽度在 3 米以上，连接主要的公园、自然保护区、风景名胜区、历史古迹和城乡居住区等，有利于更好地保护和利用自然，为居民提供充足的游憩和交往空间。绿道从乡村深入到城市中心区，有机串联各类有价值的自然和人文资源，兼具生态、社会、经济、文化等多种功能。

黄山市域范围内分布着大量的历史文化遗产及优美的生态景观，依托良好的自然资源，建立一个傍山、滨水、穿城的绿色文化步道系统，将这些散落的景点串联起来，可形成黄山独特的旅游资源。规划将黄山市慢行游憩绿道分为六个部分（表8-4），通过连续的步行和自行车系统，提高景观资源的可达性和利用率，为游人提供连续的场所体验；线路选择充分考虑资源的分布和游人的需求，利用现有乡村道路并沿河道设置，以保证丰富的景观体验、良好的视觉质量和对环境的最小干扰。

表 8-4　慢行游憩绿道分期建设一览表

绿道类型	具体路线	总长度（公里）	分期建设长度（公里）		建设特点
			2012~2015	2016~2020	
主城区内部绿道	屯溪老街—花山谜窟风景区	12	6	6	依托城区内主要的景区景点，展现皖南水景和深厚的徽文化
	屯溪老街—百鸟亭—戴东源墓—黄村进士第	12	6	6	
主城区与相邻县城镇主要景点连接绿道	至雄村—万安古镇—状元博物馆	36	18	18	依托多个古村古镇，是体验皖南乡土文化、了解徽派建筑、感受郊野风景的绿色廊道
	至歙县县城—呈坎—许村	35	20	15	
	至歙县县城—徽州文化园—潜口民居	30	15	15	
	至黄山风景区、齐云山风景区、月潭水库	60	30	30	连接屯溪区与外县风景区，打造运动健身绿色生态廊道
	合计	185	95	90	

（6）绿荫停车场建设。停车场绿化不仅具有遮阴效果，对于缓解热岛效应，吸收汽车尾气，改善城市生态环境也起到一定的作用。停车场周边可密植生长快、病虫害少、根系发达、耐干旱、耐污、抗污能力强的高大乔木，同时结合灌木种植，设立绿色屏障，减少对周边环境的影响；在停车场车位间隔带散植高大庇荫乔木，保证一定的枝下高，最大限度提高停车场绿化的遮阴效果和停车数量。新建地面停车场树冠覆盖率达到60%以上，绿地率指标达到20%以上。其中：2012~2015年建设4万平方米，2016~2020年建设6万平方米。

（二）副城区

1. 建设现状

黄山市副城区下辖二区四县和黄山风景区，即徽州区、黄山区、歙县、休宁县、祁门县、黟县。在中心城区园林建设工程带动下，各县城区造林绿化工作有了很大提升，新建改建一批公园和滨河绿地；按照林荫化、园林化、景观化的要求，完成了主次干道沿路的绿化与改造，人均公共绿地达到10平方米。但是部分县域区绿化指标与国家森林城市绿地指标存在一定差距，各区域森林绿地结构简单、功能单一、体系不完整，不能满足市民对城区绿地的多种功能要求。

2. 建设目标

重点完善综合公园、河湖水系的绿化建设，加强县城区道路绿化、街旁绿地、滨河绿地以及居住区和单位绿化建设，打造绿色森林县城，从而形成以居住区、街头绿地以及机关单位为点，街道、道路绿化为线，公园广场等大型绿地为面，点线面相结合的绿地系统（表

8-5）。2012~2015 年，县（市）建成区基本形成健全的森林生态网络体系，绿化覆盖率达到 35% 以上，绿地率达到 33% 以上，人均公共绿地面积达到 11.4 平方米。2012~2020 年，随着县建成区规模进一步扩大，优化绿化空间结构，完善相应的配套设施建设，形成健康稳定的城市生态系统。各区县的城市绿化覆盖率达到 38% 以上，绿地率达到 35% 以上，人均公共绿地面积达到 13 平方米。

3. 建设内容

（1）综合公园。为了满足居民生活区 300 米见绿、500 米见园的要求，各县适当增加中小规模公园的绿地数量，新建公园合理布局，突出地区的文化民俗特色，旧公园扩大规模，完善周边的公共、道路交通等设施，改善环境卫生；利用雕塑、花坛、花带、园林小品等对场地进行科学布置。沿城市主要道路、河流两侧增设街旁绿地、小游园以及滨河绿地，增设便民游憩设施。同时加强已建绿化工程养护，提升绿量，改善绿化空间不足的现状。

2012~2015 年，在 6 个县（区）城区及近郊新增公园绿地面积 92 公顷；2016~2020 年再建设一批公园，新增公园绿地 102 公顷。充分挖掘地域文化特色，建设城乡一体化的生态网络格局，促进城区森林体系的整体建设。

表 8-5　副城区公园绿地建设一览表

县、区	规划期	公园个数	公园面积（公顷）	广场个数	广场面积（公顷）	道路绿地（公顷）	单位、社区等绿地（公顷）
徽州区	2012~2015 年	3	12	2	2	3	20
	2016~2020 年	2	8	1	2	3	24
黄山区	2012~2015 年	12	60	3	3	5	30
	2016~2020 年	10	68	3	2	5	30
歙县	2012~2015 年	3	5	2	2	3	10
	2016~2020 年	2	11	2	2	3	12
休宁县	2012~2015 年	2	4	1	0.5	2	3
	2016~2020 年	2	4	1	1.2	3	4
祁门县	2012~2015 年	2	5	1	0.8	1.5	5
	2016~2020 年	2	5	1	1.3	2.5	5
黟县	2012~2015 年	2	6	2	1	2	6
	2016~2020 年	3	6	2	2	2	8
合计		45	194	21	19.8	35	157

（2）道路绿化及广场建设。分别对各城区不同类型道路、街道进行绿化，同时加强街头绿地建设。主干道路两侧可建设 5~10 米的绿化带，选择主干高大、树冠浓密的乔木打造城市林荫道路。

2012~2015 年，完成主要街道行道树和绿化带补植，实现绿化增量升级，新建街道全面绿化，共增加绿地 25.8 公顷，其中小广场 9.3 公顷，道路绿化 16.5 公顷，为城市街道营造良好的绿色环境。

2016~2020 年，在加强已建绿化工程养护的同时，进一步挖掘城市绿化潜力，在背街、小巷充分利用街道两侧空间和城市建设边角地，通过见缝插绿、折墙透绿等措施，提升绿量，改善绿化空间不足的现状，新增绿地 29 公顷，其中小广场 10.5 公顷，道路绿化 18.5公顷。

（3）社区及单位附属绿地建设。社区和单位绿化是城市绿化的重要组成部分。通过利用建筑周围、道路两旁、宅旁空地完善居住区和单位绿地的建设，对新建居民区严格要求，绿化建设与房屋建设同步进行；对旧居住区进行改造，扩大绿地面积，保证新建居住区或成片建设区绿地率不低于 35%，老的居住区绿地率不低于 25%。2012~2015 年新增绿地 74 公顷；2016~2020 年继续建设绿地 83 公顷。同时，加强单位、庭院的造林绿化，配套体育、娱乐设施，营造一个和谐美好的绿化环境。

（4）组团隔离林带（表 8-6）。组团隔离林带以两大类型为主：一是在城市生产、生活两大功能区之间设置 15~30 米的防污绿带以减轻工业污染；二是沿高压走廊和变电站建设100 米宽的防护绿地。组团隔离林带宜选用夹竹桃、臭椿、枫杨、石楠、龙柏、木槿等兼顾生态效益和景观效果的抗污树种。

表 8-6　组团隔离林带分期建设一览表

名称	地点	面积（公顷）	建设规模（公顷）	
			2012~2015 年	2016~2020 年
徽州区	西溪南镇、岩寺镇、新田村	30	15	15
黄山区	谭家桥镇、甘棠镇、汤口镇、太平湖镇、仙源镇	50	30	20
歙县	富褐镇、王村镇、北岸镇	25	15	10
休宁县	溪口镇、万安镇、东临溪镇	18	10	8
祁门县	松川化工	20	10	10
黟县	碧阳镇	10	5	5
合计		153	85	68

二、美丽村镇建设工程

（一）建设现状

黄山市三区四县辖 50 个镇、51 个乡，889 个行政村。"十一五"期间以"创建绿色家园，建设富裕新村"为载体，积极实施城郊和村庄绿化工程，结合旧村改造、新村建设、老区山区建设、移民造福工程，每年推进一批村庄绿化，乡村绿化面积逐年增加，涌现出国家级生态乡镇 11 个、省级生态乡镇 33 个、国家级生态村 4 个、省级生态村 73 个、市级优质生态村 80 个以上。

（二）建设目标

全力改善农村村容村貌，着力抓好村庄公共绿地绿化、村庄庭院绿化、水岸绿化和风水林建设。2012~2015 年，60% 的乡镇至少建有 1 处面积 600 平方米以上的公共绿地；新建或改造水口林 209 处；保护风水林 80 公顷。2016~2020 年，对市域内的所有行政中心村进行绿化，80% 的乡镇至少建有 1 处面积 600 平方米以上的公共绿地；增加 311 处水口林；全部村镇保留有良好并连成一片的风水林，呈现出"点上绿化成园、线上绿化成荫、面上绿化成林、村周绿化成环"的景观效果。

（三）建设内容

1. 乡镇公共生态游园建设

结合小城镇建设，在乡镇行政中心所在地利用周边山地森林、果园、湿地，建设公共游园，改善居民日常休闲环境。2012~2015 年，完成 29 个单个面积在 600 平方米以上的公共绿地建设，建设面积达到 17.4 公顷。2016~2020 年，继续深化乡镇生态游园建设，新增 16 个公共绿地（表 8-7），面积达到 9.6 公顷，使全市 80% 的乡镇拥有公共游憩绿地，人均公共绿地在 12.5 平方米以上。

公园通过种植乡土植物，辅以适当的园林建筑小品及休憩设施，满足村民登山健身、休闲游憩需要。树种以龙柏、枫香、樟树、桂花、梧桐、臭椿、菩提树、鹅掌楸、无患子等为主。

表 8-7　乡镇公园分期建设一览表

序号	名称（地点）	镇（个）	乡（个）	乡镇公共生态游园（个）	
				2012~2015 年	2016~2020 年
1	徽州区	4	3	2	2
2	黄山区	8	6	6	4
3	歙县	13	15	8	5
4	休宁县	9	12	6	2
5	祁门县	7	11	5	2
6	黟县	4	4	2	1
合计		45	51	29	16

2. 村落水口林建设

在各村水系流出处建设水口园林，以风景游憩林为主。规划以水口关锁缠绕、变化多端的真山真水为基础，点缀桥、树、亭等景观要素，增加水口林的游憩功能，使其在空间序列中能较好地获得回转曲折、顾盼有情的动态美感。水口林不但延续了徽派园林的传统设计思想，而且不断演变逐渐成为村落中的"街心公园"，绿地与村民生活自然融合，勾勒出一幅美好的乡村画卷。

规划对现状条件较好的水口林，逐步完善服务设施建设；对景观效果差的水口林，进行植被群落及活动空间的提升改造。2012~2015 年，改造、新建面积不小于 400 平方米的水口林 209 处；2016~2020 年，新建水口林 311 处（表 8-8）。

表 8-8 村落水口林分期建设一览表

序号	名称（地点）	现有村落（个）	村落水口林（个）	
			2012~2015 年	2016~2020 年
1	黄山区	77	22	32
2	歙县	258	72	108
3	休宁县	127	36	53
4	祁门县	131	37	55
5	黟县	62	17	26
6	徽州区	41	12	17
7	屯溪区	47	13	20
合计		743	209	311

3. 风水林建设

风水林具有防风护坡、庇佑民居的重要功能，并具有特殊的精神层面寓意，保护与抚育风水林是村镇建设中的重要内容。风水林建设通过封禁、补植种植和施肥抚育等措施，提高林分质量。严禁一切破坏行为，确保每个行政村保留有至少 1 处长势良好且连成片的风水片林。风水林内的植物以米槠、木荷、枫香、樟树等为主。

2012~2015 年，对人为干扰较大的风水林进行人工改造，面积 80 公顷；2016~2020 年，使得全部村庄的风水林得到保护，新增面积 100 公顷（表 8-9）。

表 8-9 美丽村镇分期建设一览表

县名称	规划期	庭院林面积（公顷）	水岸林长度（公里）	风水林（公顷）
徽州区	2012~2015 年	40	40	10
	2016~2020 年	70	50	13
黄山区	2012~2015 年	50	30	18
	2016~2020 年	80	40	22
歙县	2012~2015 年	42	27	13
	2016~2020 年	65	37	15
休宁县	2012~2015 年	35	30	10
	2016~2020 年	45	40	12
祁门县	2012~2015 年	46	30	15
	2016~2020 年	70	40	20
黟县	2012~2015 年	42	23	14
	2016~2020 年	50	33	18
合计	2012~2015 年	255	180	80
	2016~2020 年	380	240	100
	总计	635	420	180

三、生态敏感区绿色质量提升工程

（一）建设现状

2011 年，黄山市实施开展了为期 5 年的绿色质量提升行动，围绕"52 个景点、百佳摄影点、百村千幢和新农村建设、交通旅游干线干道两侧山场、城镇绿化"五大重点，对 1162 个关键点实施提升改造，新安江延伸段绿化建设 1.3 万公顷，山场造林绿化面积 14419 公顷，绿化线路 571 公里。在湖泊河流、湿地、沟峪周边等生态敏感区，完成人工造林 17280 公顷，对保持水土、涵养水源、减轻自然灾害、促进社会经济可持续发展起到了明显效果。

（二）建设目标

重点在河流水系、湖泊库区、保护区和山地等生态敏感地区开展绿色质量提升工程，对各区域内现有植被和自然生态系统严加保护，对已经破坏的生态系统，组织重建与恢复，开展封山育林、补植种植、低质林改造等人工措施，结合自然资源建立各类保护区和湿地公园，实现生态功能的健康和稳定，以此达到维护整个城市生态系统良性发展的目的。

2012~2015 年，在各大库区规划水源保护区，面积 350 公顷；对现有河流两岸林带进行风景林提升改造，总面积 470 公顷，恢复湿地生态系统 11650 公顷；对城镇、水源地、河流、交通干线周边第一重山进行封山育林、低质林改造、补植种植等人工抚育，增加山地森林景观美景度、提高森林覆盖率、优化林分结构，总面积 770 公顷；对全市水土流失地区开展植被恢复，面积 21000 公顷。

2016~2020 年，在各大库区规划水源保护区，面积 550 公顷；对现有河流两岸林带进行风景林提升改造，总面积 730 公顷；建立 4 处湿地公园、4 处湿地保护区；恢复湿地生态系统 11550 公顷；对四大重点地区周边第一重山进行人工抚育，建设生态屏障，总面积 1092 公顷；深化水土流失地区植被恢复，面积 19000 公顷。

（三）建设内容

1. 都市饮用水源地与河流湿地保护恢复

（1）都市饮用水源地保护建设。黄山市现有水库 243 座，其中中型水库 3 座，小一型水库 21 座，小二型水库 219 座。现以水库及取水口为中心，半径 600 米范围内划为一级保护区，中型水库半径 1200 米、小型水库半径 1000 米范围内为二级保护区，在保护区内实施封山育林、水源涵养林建设，理顺和调整水源沿线的污水排水通道，封闭排污口门，禁止一切工业农业生产，保证饮用水源水质。都市饮用水源地保护分期建设规划见表 8-10。

封山育林采用全封的方式，根据实际情况进行人工造林、林分改造、幼树抚育。水源涵养林建设与风景林相结合，同时采用水土保持和水源涵养能力较强的乡土树种，利用植物根系稳定山地土壤，防止滑坡及水土流失等污染水质的灾害发生，达到生态功能与景观效果兼具的目的。植物品种可选用湿地松、臭椿、刺槐、杜英、杜仲、樟树、木槿等。

表 8-10　都市饮用水源地保护分期建设一览表

类型	面积（公顷）	分期建设（公顷）		地点
		2012~2015	2016~2020	
中型水库保护区	500	200	300	湘西岭水库、丰乐水库、奇墅水库
小型水库保护区	400	150	250	屯溪一水厂水源地、屯溪二水厂水源地、黄山区一水厂水源地、黄山区二水厂水源地、徽州区水源地、休宁一水厂水源地、休宁二水厂水源地、黟县漳河水源地、歙县杨之河水源地、祁门水厂水源地等
合计	900	350	550	

（2）河流湿地保护建设。黄山市水系分为三大流域，分别是岭南钱塘江流域新安江水系，流域面积 554500 公顷；岭北长江流域青弋江和秋浦河水系，流域面积 202920 公顷；鄱阳湖流域阊江水系，流域面积 197590 公顷。其中，阊江水系和秋浦河水系均发源于祁门县大洪岭。

河流水系保护分期建设规划见表 8-11。规划对现有河流进行治理，加强新安江、率水、横江两侧景观防护林带建设。对于流经城区的河段，防护林内适当设置休闲空间，增加林带的游憩观赏功能，打造成城市的带状公园。对于流经郊区的河段，防护林带以水土保持功能为主，打造多层次的风景林带。在两条水系的源头建设水源涵养林，半径 1000 米之内划为水源保护区，与河流防护林带相衔接，形成连贯的河流生态走廊。

在植物配置上，对于坡度缓或腹地大的河段，考虑保持自然状态，配合植物种植，达到稳定河岸的目的，如种植柳树、泡桐、臭椿以及芦苇、菖蒲、野芋等具有喜水特性的植物，由它们生长舒展的发达根系来稳固堤岸，加之其枝叶柔韧，顺应水流，增加抗洪、护堤的能力。对于较陡的坡岸或冲蚀较严重的地段，不仅种植植被，同时利用天然石材、木材护底，以增强堤岸抗洪能力。

表 8-11　河流水系保护分期建设一览表

名称	类型	面积（公顷）	分期建设（公顷）		地点
			2012~2015 年	2016~2020 年	
新安江水系	新安江	400	150	250	新安江干流
	支流	300	100	200	率水、横江、练江、琅溪、桂溪、濂溪、小洲源、街源、棉溪、昌源、大洲源、太平源、皂汰河、营川河、武强溪、金溪河
青弋江和秋浦河水系	青弋江秋浦河	100	40	60	青弋江和秋浦河干流
	支流	100	50	50	清溪河、麻川河、秧溪河、茶溪河
	秋浦河源头	50	20	30	祁门县大洪岭
阊江水系	阊江	90	40	50	阊江干流
	支流	100	45	55	大洪水、大北水、闪里河、新安河
	阊江源头	60	25	35	祁门县大洪岭
合计		1200	470	730	

（3）湿地保护建设。

① 湿地公园及湿地保护区建设。湿地公园建设以湿地的自然复兴、恢复湿地的领土特征为指导思想，以形成开敞的自然空间接纳大量的动植物种类、形成新的群落生境为主要目的。其重点内容在于恢复湿地的自然生态系统并促进湿地的生态系统发育，提高其生物多样性水平，实现湿地景观的自然化。至 2020 年，黄山市共建湿地保护区 4 个和湿地公园 4 个，总面积 685 公顷（表 8-12）。

此外，在湿地权属基本明晰、湿地面积较大、生境状况较好、生态功能重要并具有丰富生物多样性的重要湿地建设湿地保护区，形成以保护皖南典型的森林与湿地生态系统、珍稀野生动植物及其栖息地、重要水源涵养地为宗旨，兼顾湿地资源持续发展，集生物多样性保护、科普教育、自然景观资源保护、生态旅游为一体的多功能自然保护区。

表 8-12　湿地公园及保护区建设一览表

名称	目标及地点	建设项目		面积（公顷）
		名称	建设内容	
太平湖湿地区	黄山范围内，以全面保护为主	太平湖湿地公园	开展湿地生态旅游、观鸟及湿地动物驯养、观览，湿地植物种植，建设水禽博物馆；同时建设成为全市主要的湿地保护基地	100
		太平湖湿地自然保护区	建设围栏工程，指示牌、警示牌、界桩工程；建设保护管理站、湿地监测站、瞭望塔等工程；建立湿地全民参与共管机制	150
奇墅湖湖泊湿地区	黟县区，以恢复和保护湿地生态，开展湿地生态宣传教育及发展湿地旅游，发展湿地综合利用为主	奇墅湖湿地公园	开展旅游、观鸟、垂钓；同时作为湿地生物知识和湿地保护的宣传、教育基地	50
		奇墅湖湿地保护区	湖泊湿地水平衡、植被恢复及栖息地修复和重建工程；湖泊湿地生态旅游建设工程；湿地农牧渔业综合利用示范工程；建设湿地保护管理站、湿地生态监测站、瞭望塔；建设围栏、指示牌、警示牌和界桩等工程；建设湿地宣传教育基地	80
丰乐湖湖泊湿地区	徽州区，以加强保护和合理利用为主	丰乐湖湿地公园	作为文物古迹众多区域的较大湿地公园，结合国家重点文物等文化景点，建成集历史文化、自然生态和休闲娱乐于一体的城市湿地公园	60
		丰乐湖湿地保护区	湖泊湿地水平衡、植被恢复工程；湿地公园建设工程；建设湿地保护管理站、湿地生态监测站、瞭望塔；建设围栏、指示牌、警示牌和界桩等工程；建设湿地科研培训基地	85
新安江上游湿地保护群湿地区	凫峰乡、休宁县、屯溪区、徽州区、歙县、汤口镇。以恢复和保护为主	新安江湿地公园	作为黄山市市区湿地公园，结合湿地文化、民族文化，建成供市民休闲、健身、娱乐的城市湿地公园	70
		新安江湿地保护区	围绕新安江上游生态综合治理、生态防护林范围内湿地建设和鸟类栖息地修复，恢复和保护水禽栖息地。项目内容包括：新安江上游生态综合治理，增强蓄水防洪调节能力，恢复湿地生态；湿地植被恢复；湿地保护基础设施建设等	90
	合计			685

② 湿地生态系统恢复。太平湖湿地、奇墅湖湿地、丰乐湖湿地、新安江上游湿地保护群湿地区是重点实施湿地恢复、重建和保护的区域，规划通过退田退塘、还湖蓄水、湖泊连通、调控水位、植被恢复和栖息地修复等措施，达到整个生态系统恢复的目的。湿地生态系统恢复分期建设规划见表 8-13。

水禽栖息地恢复建设：通过退田还湖、清淤、控制水位和水量，恢复湿地水生植被和湖滨植被带，改造和修复鸟类栖息地，增加鸟类种群和数量，至 2020 年恢复面积 2 万公顷。

湿地植被带建设：在重点湖泊湿地四周建设乔、灌、草结合的紧密型宽幅植被带，以达到护岸固土、降解污染、保护水质，以及保持水土、削弱水冲刷作用，同时形成江河湖泊湿地绿色景观，人工营造植被带 1000 公顷。选择在湖边、水位较浅的区域，采取无性繁殖的方法种植本地芦苇和引进试验推广芦竹，恢复芦苇截污区 1000 公顷；在水位相对较深的区域，种植莲、菱、荸荠、慈菇等浮水植物，恢复浮叶植被 300 公顷。

工程方法恢复建设：重点对穿越太平湖、奇墅湖、丰乐湖、新安江的沟渠进行整治，清淤疏浚，提高灌排水能力，治理沟水污染，争取清污分流。

表 8-13　湿地生态系统恢复分期建设一览表

地点	措施	面积（公顷）	分期建设（公顷）	
			2012~2015 年	2016~2020 年
太平湖湿地	植物恢复建设	1000	500	500
	水禽栖息地恢复	10000	5000	5000
	工程恢复	400	200	200
奇墅湖湿地	植物恢复建设	500	300	200
	水禽栖息地恢复	5000	2500	2500
	工程恢复	200	100	100
丰乐湖湿地	植物恢复建设	500	250	250
	水禽栖息地恢复	4000	2000	2000
	工程恢复	200	100	100
新安江上游湿地保护群	植物恢复建设	300	150	150
	水禽栖息地恢复	1000	500	500
	工程恢复	100	50	50
合计		23200	11650	11550

2. 风景名胜区景观提升改造

重点在主要风景区开展风景林建设（表 8-14），根据实际情况进行林地景观提升改造，对长势不好、不能发挥生态效益的低效林进行改造，对郁闭度在 0.2 以下的疏林地进行补植种植等，目的是提高景区森林植被的美景度，提高森林覆盖率，优化林种结构，提高森林群落水土保持能力，保护野生动植物资源和生物多样性。植物可选择湿地松、苦槠、桂花、青冈栎、杜仲、泡桐、桑树、红叶李、红花檵木、石榴、紫荆、南天竹、海桐等。

表 8-14　风景区保护分期建设一览表

类型	地点	措施	面积（公顷）	分期建设（公顷）	
				2012~2015 年	2016~2020 年
自然保护区	祁门县牯牛降自然保护区 歙县清凉峰自然保护区 岭南省级自然保护区 十里山省级自然保护区 查湾省级自然保护区 天湖省级自然保护区 五溪山省级自然保护区 九龙峰省级自然保护区 六股尖省级自然保护区	景观提升	300	150	150
		低质林改造	400	200	200
		补植种植	200	100	100
风景名胜	黄山国家级风景名胜区 齐云山国家级风景名胜区 花山渐江国家级风景名胜区	景观提升	200	100	100
		低质林改造	500	200	300
		补植种植	400	200	200
森林公园	徽州国家级森林公园 五溪山国家级森林公园 木坑竹海省级森林公园	景观提升	300	150	150
		低质林改造	200	100	100
		补植种植	400	200	200
合计			2900	1400	1500

3. 特色沟峪森林质量提升

重点在城镇生活区、重要水源地库区、河流水系、交通干线及各大景区周边可视第一重山（表 8-15）。具体措施为对疏林进行补植，对密林进行抚育间伐，对幼树进行施肥抚育，对低质林进行更换树种提高林分质量等。目的是通过有计划的、较长时间的封禁或加以人工辅助措施，使受损生态系统自然恢复，增强涵养水源、保持水土能力，提高森林景观质量和服务效益。

（1）城镇周边第一重山：重点为风景林建设，林带中适当设置公共服务设施，满足市民休闲游憩功能，树种可选择香樟、臭椿、垂柳、枫香、枫杨、五角枫、喜树、鹅掌楸等，总面积 550 公顷。

（2）河流周边第一重山：重点为风景林建设，对可视山体进行林分结构优化和景观提升。对山地内无林地及疏林地有步骤地开展人工造林、低质林改造、幼树抚育和补植种植。河流水岸适当增加水生植物，坡地上增加地被植物，以便提高山地水土保持功能。注重构建多层次的植物群落，适当增加彩叶树，打造河流绿色走廊。乔灌木可选择水杉、刺槐、青冈栎、泡桐、海桐等；水生植物可选用荷花、睡莲类、菖蒲类、满江红等；地被植物为狗牙根、石蒜、沿阶草、红色酢浆草等。地点为新安江、青戈江、阊江水系干流和一级支流的可视一重山，总面积 152 公顷，其中低质林改造 50 公顷。

（3）库区周边第一重山：重点以水源涵养林和风景林建设为主。封山育林采用全封的方式，退耕还林、搬迁工业企业、禁止人为破坏的一切行为，主要防治工业污染、农业化肥污染和水土流失对水质的破坏。树种宜选择耐干旱瘠薄、生长稳定、根系发达的乡土乔灌木，如苦槠、青冈栎、枫香、乌桕等，营造地带性典型植物群落，形成生态系统稳定、自我修复力强、抗干扰能力强的天然生态屏障，保证饮用水的安全。地点为各重要饮用水源保护区和丰乐水库、湘西岭水库、奇墅水库第一重山，面积 560 公顷。

（4）交通干线周边第一重山：重点以景观防护林建设为主，目的是稳固山地土壤，防止发生滑坡等自然灾害，同时提升森林美景度，改善窗口地带生态环境，形成优美的山区森林景观，为发展生态旅游创造良好的环境。此外，在改善景观效果的同时，注重发挥山场的经济效益，有条件的地方，营造竹林基地、油茶基地、山核桃基地等，将绿色质量提升行动与农民增收结合起来，提高广大林农参与的积极性。

在道路两侧种植根系发达、固土能力强、具有一定观赏性的乔灌木，山洞隧道两侧种植攀援植物，绿化带随山体地形走势一致，形成跌宕起伏、色彩分明、浓密葱郁的通道视线走廊。树种选用刺槐、枫杨、乌桕、重阳木、桤木、爬墙虎、山葡萄等。地点为以屯黄线、徽杭线、慈张线为主的高速公路、国省道、铁路两侧可视一重山，面积 600 公顷。

表 8-15　特色沟峪森林保育分期建设一览表

类型	地点	面积（公顷）	分期建设（公顷）	
			2012~2015	2016~2020
城镇周边第一重山	西递镇、宏村镇、潜口镇、呈坎镇、雄村乡、富堨镇、许村镇、郑村镇、深渡镇、北岸镇、昌溪乡、万安镇、历口镇、渚口镇、坑口乡、碧阳镇、徽城镇等 50 个主要城镇	550	250	300
河流周边第一重山	新安江、青戈江、阊江水系干流和一级支流两侧第一重山	152	70	82
库区周边第一重山	各重要饮用水源保护区和丰乐水库、湘西岭水库、奇墅水库第一重山	560	200	360
交通干线周边第一重山	以屯黄线、徽杭线、慈张线为主的高速公路、国省道、铁路两侧	600	250	350
合计		1862	770	1092

4. 水土流失生态治理

黄山市按水土流失及保持类型提出典型小流域治理，实施生态清洁型小流域工程、坡耕地综合整治工程、崩岗治理工程和山洪沟防治工程，工程重点为建设水土保持林、水源涵养林、崩岗治理、坡改梯等，治理面积 40000 公顷（表 8-16）。防山坡沟蚀的植物种类有葛藤、常春藤、紫藤、爬山虎等；防溪流冲蚀的植物种类有樟树、柳树、泡桐、椿、榆、槐、松、杉、柏。它们均生长快，树冠浓荫如伞盖，木质细而硬，不易腐朽。

表 8-16　水土流失治理分期建设一览表

类型	地点	措施	面积（公顷）	分期建设（公顷）	
				2012~2015	2016~2020
强度水土流失区	中东部中低山（歙县昌溪、武阳小流域）	主要是改变传统的耕作模式，退耕还林、还草，严禁陡坡开荒，辅之适当的生态移民	8000	4000	4000

（续）

类型	地点	措施	面积（公顷）	分期建设（公顷）	
				2012~2015	2016~2020
强 - 中度水土流失区	中部丘陵（休宁县夹溪河流域、黟县金溪小流域、徽州区丰乐河槐源片）	以生物措施为主，大力发展经果林，并辅以适当的工程措施和能源措施	15000	8000	7000
中度水土流失区	西部中低山（祁门县沥水河小流域）	采取封禁治理，25 度以上的陡坡地要退耕还林，25 度以下修建梯田，禁止全垦造林	7000	4000	3000
中 - 轻度水土流失区	北部高中山（黄山区兴村河小流域）	重在预防，局部治理，优化小流域综合治理模式	6000	3000	3000
轻度水土流失区	南部中山（祁门县凫峰乡凫坑小流域）	采取封山育林，做好预防保护工作	4000	2000	2000
合计			40000	21000	19000

四、高标准生物防护隔离林带建设工程

（一）建设现状

黄山市一直致力于林业三防体系建设，积极推进生物防护隔离林带建设，以各大风景区、森林公园、湿地公园和河流库区为重点，开展森林重点火灾区综合治理二期项目，使得年均森林火灾受害率控制在 0.1‰ 以内。同时，开展黄山松材线虫病预防体系建设工程，建成了一条宽 4 公里、内围边界长 67 公里、外围边界长 100 公里，总面积达 3 万公顷的无松属植物生物隔离带，主要森林病虫害控制成灾率控制在 0.3‰ 以下，有效减少了灾害的发生，维护了城市生态安全。虽然成绩突出，但是森林资源保护与管理压力依旧很大，森林火灾、林业有害生物时有发生，黄山市周边地区松材线虫病疫点增多、疫区范围有扩大的趋势，严重威胁着黄山松的安全。

（二）建设目标

通过高标准生物防护隔离林带建设，推进林业防火、防灾安全体系发展，提高各大景区防御灾害能力，对受灾地区继续强化治理，对高危地区采取提前预防的措施，最大限度减轻灾害的发生几率。

2012~2015 年，划定各区县灾害发生地点及范围，根据实际情况对现有防护隔离林带进行补植种植及人工整理改造，共新建提升防火林带 52 公里，防虫隔离林带 50 公顷。2016~2020 年，以黄山区为重点，在巩固现有隔离林带的基础上，新建防火林带 68 公里，防虫林带 80 公顷。

（三）建设内容

1. 生物防火隔离林带建设

根据火险发生频率，把黄山市防火隔离林带建设地点分成三类。第一类为重点火险部位，

包括山脚田边（农事活动频繁区）、山脚田边—重山山脊及其他人员活动频繁、森林火灾多发易发地段；第二类为国有林场、森林公园等大片林地；第三类为乡镇级以上行政边界，以及能起关键阻火作用的主山脊（表 8-17）。

表 8-17　防火隔离林带分期建设一览表

类型	范围	地点	面积（公里）	分期建设（公里）	
				2012~2015	2016~2020
一类火险区	山脚田边（农事活动频繁区）、山脚田边—重山山脊及其它人员活动频繁、森林火灾多发易发地段	黄山区黄山风景名胜区	50	17	33
二类火险区	国有林场、森林公园	徽州国家级森林公园五溪山国家级森林公园木坑竹海省级森林公园等各大林地	30	15	15
三类火险区	乡镇级以上行政边界，以及能起关键阻火作用的主山脊	三区四县下属101个乡镇边界一重山	40	20	20
合计			120	52	68

规划在第一、二类火险部位设置两层共 50 米宽隔离林带。第一层为主防火林带，即火灾控制带，以阻隔树冠火和迎风火为主，宽度 30 米；第二层为副防火林带，即小区分割带，以阻隔侧风火为主，宽度 20 米，包括林缘防火林带、林内防火林带、人工幼林防火林带。第三类地区设置 30 米宽隔离林带，利用山界、山脊、沟渠、村道等自然条件，选择耐火树种，建立防火屏障。树种选择抗火性能强且生长较快的树种，形成不少于两个防火树种的混交林。尽量选择乔木树种，以木荷为主，毛竹、青冈、珊瑚树、交让木、油茶、栓皮栎、厚皮香等为辅。至 2020 年，共营造生物防火林带 120 公里。

2. 无松属生物隔离林带建设

重点为黄山区、祁门县、休宁县、歙县范围内的交通沿线、风景区、人为活动频繁地区附近的松林、与疫区毗邻地带。措施为建立无松属植物生物隔离带，同时对隔离带实施林分改造，营造针阔混交林。改造对象优先考虑高度感病的黑松，其次是马尾松及生长不良的低产林。此外，对重点预防区采取人工清除松林内衰弱松木、施放天敌等综合措施，降低疫情发生风险。规划对黄山市分布集中的大面积松林，在林地外围营建宽度 3 公里、以阔叶林为主或针阔混交的防虫隔离林带，以增强松林的生态功能，特别保护黄山松的安全。混交林树种多样、结构复杂、生物多样性丰富，有利于天敌栖息、繁殖、发展，对害虫有很强的自控能力，可选择的阔叶树包括乌桕、油桐和五加科人参属植物等。2012~2015 年，建设高标准防虫隔离林带 50 公里；2016~2020 年新建防虫林带 80 公里。

五、生态休闲旅游建设工程

（一）建设现状

黄山生态休闲旅游资源丰富，现有世界自然、文化遗产和地质公园 3 处，国家级风景名胜区、自然保护区、森林公园、地质公园 10 处，国家 4A 级以上景区 22 处。"国之瑰宝"的黄山，集世界文化、自然遗产和地质公园"三顶桂冠"于一身，以奇松、怪石、云海、温泉"四绝"著称于世，是中华民族壮丽山河的杰出代表。世界文化遗产西递·宏村、全国四大道教圣地之一的齐云山、玄妙奇巧的"花山谜窟"、"黄山情侣"太平湖、"山水画廊"新安江、"绿色明珠"牯牛降、国家历史文化名城歙县和活着的"清明上河图"屯溪老街等，宛如众星拱月，交相辉映。2011 年接待海内外旅游者 3054.4 万人次，旅游总收入 251 亿元。

（二）建设目标

至 2015 年，实现生态休闲旅游总接待 5000 万人次，旅游总收入 500 亿元。新增 5A 级景区 4 家，4A 级景区 7 家。

至 2020 年，实现生态休闲旅游总接待 8000 万人次，旅游总收入 800 亿元。新增 5A 级景区 2 家，4A 级景区 4 家。

（三）建设内容

1. 四大精品生态旅游度假区优化提升建设

在原有良好的旅游资源基础上，优化屯溪中心城区城市旅游区、黄山观光度假旅游区、西递宏村古徽州乡村度假旅游区、以新安江流域为中心的特色旅游经济带，打造四大精品旅游度假区（表 8-18）。

表 8-18　黄山市生态休闲旅游四大精品旅游度假区建设

序号	内容	涵盖范围	建设内容
1	屯溪中心城区城市生态休闲旅游区	新徽天地—醉温泉（3A）、新安江夜游（2A）、植物大观园（2A）、龙山寺（2A）等重点旅游景区和黎阳、阳湖、奕棋、新潭等主要旅游集镇	结合新安江延伸段综合开发工程、文化产业精品打造工程、打造新型城市旅游业态、营造休闲度假氛围，提升城市旅游功能，形成以城市休闲、商务度假、文化体验为主体功能的城市综合旅游区
2	黄山观光度假旅游区	黄山风景区（5A）、东黄山度假区（4A）、翡翠谷（4A）、九龙瀑（4A）、芙蓉谷（4A）、石门峡景区（3A）、普仁滩（3A）、夹溪河漂流（2A）等重点旅游景区和汤口、谭家桥、耿城、焦村、三口等主要旅游集镇	通过品牌延伸、资本延伸、管理延伸、人才延伸，整合"五镇一场"（黄山区汤口镇、谭家桥镇、三口镇、耿城镇、焦村镇和洋湖林场）等环黄山风景区的重点旅游城镇和旅游景区，拓展黄山风景区旅游发展空间，实现"四门洞开"，构建以山岳观光、运动休闲为主体功能的环黄山旅游圈，实现山上、山下一体化发展
3	西递宏村古徽州乡村度假旅游区	宏村（5A）、西递（5A）、赛金花—归园景区（4A）、南屏景区（4A）、塔川木坑（3A）、龙池湾（3A）、木雕楼（2A）、五里景区（2A）、深冲景区（2A）等重点旅游景区和碧阳、宏村、西递等主要旅游集镇	以"百村千幢"古民居保护利用工程、中法乡村旅游合作示范项目建设为契机，整合乡村旅游资源，创新乡村旅游业态，大力发展乡村休闲度假产品，形成以古村落观光、乡村休闲度假、乡村休闲旅游为主体功能的国际乡村旅游区

（续）

序号	内容	涵盖范围	建设内容
4	以新安江流域为中心的特色旅游经济带	花山谜窟（4A）、新安江山水画廊（4A）、雄村景区（4A）、霸王山景区（3A）、昌溪古村落（2A）、北岸瞻琪景区（2A）等重点旅游景区和街口、新溪口、小川、武阳、深渡、昌溪、北岸、坑口、雄村、王村、屯光、商山等主要旅游集镇	以新安江为主轴，以屯溪城市旅游、花山谜窟—浙江风景区、雄村宰相故里等为主要旅游节点，以沿线重点旅游集镇为依托，结合新安江综合开发利用工程，通过大项目落地、整合联动，推动旅游产业进一步向新安江山水画廊、横江、率水上游延伸，抓好流域沿线山水人文景观和基础设施、服务设施建设，培育打造新的业态，丰富拓展旅游观光内涵，形成集旅游观光、文化体验、休闲娱乐、康体养生、户外运动等多种业态为一体、要素齐全、功能完善的全市首要的特色旅游经济带

2. 四大生态休闲旅游区整合改造建设

通过打破行政区划界限，实现对歙县—徽州区文化休闲旅游片区、甘棠—太平湖休闲运动旅游片区、海阳—齐云山文化养生旅游片区、牯牛降生态文化旅游片区的资源整合，打造四大生态文化体验片区（表8-19）。

表8-19　黄山市生态休闲旅游四大文化休闲体验片区建设

序号	内容	涵盖范围	建设内容
1	歙县—徽州区文化休闲旅游片区	徽州古城（4A）、唐模（4A）、呈坎（4A）、潜口民宅（4A）、棠樾牌坊群—鲍家花园（4A）、丰乐湖（4A）、徽州文化园（3A）、新四军军部旧址（3A）、凤凰湾生态农庄（2A）等重点旅游景区和徽城镇、岩寺、呈坎、潜口、西溪南、郑村、富堨镇等主要旅游集镇	结合中心城区空间拓展，通过便捷的交通组织，以分工协作、要素整合、产业承接、业态创新为发展路径，进一步挖掘徽文化资源，通过文化创意、文化融合等方式，打造以徽文化体验、精品（精致）乡村度假为核心的文化休闲旅游产品，形成徽文化产业集群
2	甘棠—太平湖休闲运动旅游片区	太平湖（4A）等重点旅游景区和甘棠、太平湖、龙门、乌石、广阳、永丰、新华、新明等主要旅游城镇	该旅游片区重点依托黄山区区政府所在地甘棠镇和太平湖风景区，形成"一城一湖"的带动发展格局。依托甘棠镇，发展城市休闲、城郊休闲旅游产品；依托太平湖水体，开展水上运动、湖滨运动型旅游项目，如湖岸徒步旅行、湖岸自行车、湖岸自驾游等，发展体育旅游；依托太平湖，建设高品位旅游度假区，发展高端度假旅游
3	海阳—齐云山文化养生旅游片区	齐云山风景区（4A）、古城岩（3A）、盐铺民俗风情园（2A）等重点旅游景区和海阳、齐云山、渭桥等主要旅游集镇	该旅游片区应依托齐云山风景区、海阳镇、状元文化、道教文化等旅游发展要素，结合齐云山生态文化旅游区重点项目建设，以深厚经典文化内涵为支撑，打造集文化体验、生态观光、休闲度假、体育运动、康体养生为一体的国内一流、国际知名的文化生态休闲旅游度假区
4	牯牛降生态文化旅游片区	牯牛降（4A）、九龙池（3A）、历溪景区（2A）等重点旅游景区和安凌、古溪、历口、箬坑等主要旅游集镇	该旅游片应充分发挥牯牛降生态旅游资源优势，建设特色生态旅游示范区。充分发挥牯牛降的核心带动作用，挖掘牯牛降周边地区古村落、古戏台、御医文化、根雕艺术等特色旅游资源，促进该片区其他类型旅游资源的开发，实现自然生态旅游资源与特色文化旅游资源的融合，形成特色生态文化旅游区

六、木竹加工利用产业基地建设工程

（一）建设现状

黄山市用材林、竹林基地建设发展迅速，全市已建成以杉、松等为主要树种的用材林基地28.6万公顷；以毛竹为主的竹林基地6.7万公顷，竹林面积占安徽省竹林面积的20.4%。全市现有木竹加工企业453家，其中国家级林业龙头企业2家，省级林业龙头企业32家，市级林业龙头企业40家。主要产品有人造板、竹制品、木制品三大类，包括细木工板、实木拼板、中密度板、胶合板、中高档家具、木地板、竹地板、竹胶板、装饰板、包装箱板、竹拉丝和旅游工艺品等。拥有省级著名商标2个。

（二）建设目标

至2015年，用材林基地达到30万公顷，其中新建1.4万公顷，改造10万公顷。新建竹林基地3.3万公顷，使竹林基地面积达到10万公顷。以区域性森林资源优势为基础，扶持发展拉动力较强的年产值在千万元以上的木竹制品加工企业5个，以龙头企业带动木竹加工业的整体发展，力争产值达到80亿元以上。

至2020年，用材林基地达到31万公顷，其中新建1万公顷，改造8万公顷。新建竹林基地3万公顷，使竹林基地面积达到13万公顷。扶持发展拉动力较强的年产值在千万元以上的木竹制品加工企业4个，木竹加工业产值达到100亿元以上。

（三）建设内容

积极调整木竹加工利用产业结构，以木竹林基地为基础，大力发展木竹加工业，推动产业优化升级。完善资源节约管理体系，创新资源节约机制，建立节约型林业产业体系。重点扶持资源培育型、技术创新和推广型、综合利用型林业企业发展，实现资源增长与产业发展的"双赢"。

1. 资源培育基地建设

以市场需求为导向，以大中型林产加工企业为龙头，建设一批用材林基地和竹林基地，形成资源培育与加工利用相结合的林业产业带。

用材林基地：以改造方式为主，大力提升杉木、马尾松等用材林基地，实行规模化集约经营，走产业化道路，实现林业循环利用，解决企业资源的后续供应，增加林农收入。

竹林基地：在充分发掘、利用现有竹林资源的基础上，大力发展优质高产竹林基地，选择优良竹种，实行科学造林，集约经营，规模发展（表8-20）。

表8-20　黄山市资源培育基地建设

基地建设	主要树种	主要建设区域	2012~2015年		2016~2020年	
			新建（公顷）	改造（公顷）	新建（公顷）	改造（公顷）
用材林基地	杉木、马尾松等	祁门县	4000	20000	2600	13000
		休宁县	2000	13000	2100	10000
		歙县	1000	13000	1000	10000
		黟县	1300	7000	1300	7000

（续）

基地建设	主要树种	主要建设区域	2012~2015 年		2016~2020 年	
			新建（公顷）	改造（公顷）	新建（公顷）	改造（公顷）
竹林基地	毛竹等	黄山区	1600	4000	1000	2600
		祁门县	500	1300	500	700
		休宁县	500	4000	500	2600
		歙县	100	700	100	700
合计			11000	63000	9100	46600

2. 木竹加工利用建设

支持出口创汇加工企业的发展。扶持竹胶板、竹炭、竹编工艺品、竹地板、木地板、装饰板、包装板、木制工艺品等加工龙头企业，建立用材林基地，大力发展木竹深、精加工，以龙头企业带动木竹加工业的整体发展。根据"林纸一体化、林板一体化、林化一体化"的产业发展原则，结合用材林的分布，调整木竹加工企业布局，重点引导扶持规模大、档次高、资源利用率高的人造板企业，引导企业建立用材林基地，加快企业技术改造，提高产品质量，开展木质建筑装饰材料、室外园艺品、工艺品等精深加工，提高产品附加值，创建优质品牌（表 8-21）。

表 8-21　黄山市木竹加工利用建设

项目		2015 年	2020 年
产值	林业产业总产值（亿元）	130	180
	其中：木竹加工利用产业产值（亿元）	45.5	63
主要木竹加工利用产业产量	人造板（万立方米）	30	40
	竹制品（万件）	16	20
	木制品（万件）	20	25
扶持龙头木竹加工企业（个）		5	4

七、特色高效林产经济建设工程

（一）建设现状

黄山市充分利用丰富的森林资源，大力发展特色高效林产经济产业，努力提高林地生产力，实现了林地增效、林农增收、林木资源得到巩固发展的目标，开创了优质、高效的林业发展新局面，逐步建成油茶、特色林果、苗木、林下经济"四大系列"林业经济产业发展模式。2011 年，黄山市有油茶基地 11000 公顷，特色林果（枇杷、山核桃、香榧）基地 6260 公顷，苗木基地 3730 公顷，林下经济（林菌、林菜、林药、养殖）产值 7 亿元。

（二）建设目标

至 2015 年，油茶林面积达到 1.7 万公顷，其中新建 6400 公顷，建成优质油茶苗木基地 3~5 个，省级油茶龙头企业 2~3 家，创建油茶知名品牌 3~5 个；新建苗木基地 1600 公顷，特色林果基地达到 8667 公顷，林下经济产业年产值达到 10 亿元。

至 2020 年，油茶林总面积达到 2.3 万公顷，其中新建 6100 公顷，初步实现资源培育基地化、经营管理集约化；培植一批油茶精深加工企业；新建苗木基地 667 公顷，特色林果基地达到 10000 公顷，林下经济产业年产值达到 15 亿元。

（三）建设内容

1. 油茶基地建设

黄山市油茶栽培历史较长，群众有种植油茶传统习惯和栽培经验，在良种培育以及油茶精制加工、产品品牌等方面基础较好。黄山市主要从三方面提升油茶产业：一是加大对现有油茶林的经营管理和低产林改造力度，短期内提高产量。二是加速油茶丰产林基地建设，扩大面积，提升总量。三是通过现有的油茶加工企业进行技术改造，增强综合开发能力，培育龙头企业，打造知名品牌，拓展产品市场。推行以"公司 + 基地 + 农户"为主要经营模式的产业化经营，加快黄山油茶产业化发展（表 8-22）。

表 8-22 黄山市油茶建设

县（市、区）	新建规模（公顷）		合计（公顷）
	2012~2015 年	2016~2020 年	
黄山区	233	200	433
徽州区	400	400	800
祁门县	2067	2000	4067
休宁县	2067	2000	4067
歙县	1067	1000	2067
黟县	567	500	1067
合计	6400	6100	18400

2. 苗木基地建设

以构建"良种推广、生产供应、行政执法、社会化服务"四大体系建设为统揽，全面推进苗木产业发展，落实良种壮苗繁育措施，重点抓好 1 个林木良种繁育中心、4 个林木良种繁育基地和 3 个采种基地的建设与管理工作。以省林木种苗站为依托，完善市、县两级种苗生产经营管理监督机构，组织各地积极申报良种审定，增加经济林、竹林良种资源数量。建立林木良种良法推广体系，促使全市主要造林树种种子合格率、基地供种率达到 95% 以上，出圃苗木合格率 95% 以上，基地造林良种使用率 87% 以上，基本实现种苗管理标准化、规范化、品种化，苗木生产基地化、良种化、市场化。努力实现在发展方式上由注重量的扩张、满足种苗数量供应向加快推进良种化进程、提高种苗质量、扩展种苗数量，实现又好又快发展转变（表 8-23）。

3. 特色林果基地建设

以现有基地为基础，以市场为导向，扩大经营规模，形成以山核桃、枇杷、香榧为主的特色林果基地。同时，以调整优化品种结构和产业结构为主线，以农民增收为目的，强化产后商品化处理，依靠科技创新提高产品的科技含量，延长市场供给时间，积极培育加工和销售龙头企业，实施龙头带动和品牌推动战略，使林果产业在林业产业经济中发挥更大作用（表 8-24）。

表 8-23　黄山市苗木基地建设

县（市、区）	发展规模（公顷）					
	2012-2015 年			2016-2020 年		
	新建	改造	小计	新建	改造	小计
屯溪区	180	333	513	67	200	267
黄山区	250	467	717	110	333	443
徽州区	200	333	533	67	267	334
祁门县	280	533	813	125	400	525
休宁县	280	533	813	121	400	521
歙县	240	533	773	110	400	510
黟县	170	333	503	67	267	334
合计	1600	3067	4667	667	2267	2934

表 8-24　黄山市特色林果基地建设

种类	生产区域	2012-2015 年		2016-2020 年	
		产量（吨）	产值（万元）	产量（吨）	产值（万元）
山核桃	歙县、黄山区等	7500	40000	10000	50000
香榧	黟县、黄山区等	600	7500	700	8000
合计		8100	47500	10700	58000

4. 林下经济建设

充分利用林下土地资源从事林下种植、养殖等立体复合生产经营，使农林牧各业资源共享、优势互补、循环相生、协调发展。利用森林采伐剩余物，发展林菌产业；开发利用森林蔬菜资源，实现森林资源的综合利用；营造大面积药材基地，带动全市药材的开发；驯养繁殖野生动物，在抓好野生动物保护的基础上，根据市场需求，依法科学进行人工驯养繁殖观赏型、食用型和工业原料型的经济动物（表 8-25）。

表 8-25　黄山市林下经济基地建设

建设内容	主要种类	主要建设区域	产值（亿元）	
			2012~2015 年	2016~2020 年
林下种植	利用丰富的林下资源发展种植业，因地制宜开发林果、林草、林花、林菜、林菌、林药等模式	三区四县	5.2	7
林下养殖	利用林下空间发展立体养殖，发展林禽、林畜、林蜂等模式	三区四县	3.6	4
林下采集	利用丰富的林下资源进行野笋、蕨菜、野菜、野果、葛根、箬叶、枪木等采集活动	三区四县	1.2	2
森林旅游	合理利用森林景观、自然环境和林下产品资源，发展旅游观光、农家乐、休闲度假、康复疗养、森林旅游人家等	三区四县	30	50
合计			40	63

八、皖南生态文化展示系统建设工程

（一）建设目标

至 2015 年，皖南林业生态文化展示区与徽州竹文化综合展示平台的基础建设全部完成，投入使用，皖南生态文化展示系统基本形成。

至 2020 年，皖南林业生态文化展示区与徽州竹文化综合展示平台全部建设项目完成，并得到后期提升，皖南生态文化展示系统成为皖南的名片工程，在林业文化的展示、宣传、传承中发挥重要作用。

（二）建设内容

围绕皖南林业与徽商的历史渊源、皖南竹文化两大主题，以其为核心元素展示皖南的生态文化，通过建设皖南林业生态文化展示区与徽州竹文化综合展示平台，打造皖南生态文化展示系统。

1. 皖南林业生态文化展示区

立足皖南、徽商、林业三者之间的历史关联，构建皖南林业生态文化展示区，展区从总体上来说分为历史展示区与现状展示区（表 8-26），一方面诉说历史，展现皖南山区对于徽商形成的孕育，徽商兴盛对于林业繁荣的促进这一历史历程；另一方面呈现发展，展现今日徽州现代林业发展与建设的斐然成就。

表 8-26　皖南林业生态文化展示区建设主题与展示内容表

	展示主题	展示内容
历史展示区	皖南山区徽商形成	1. 以空间为对比，展示明清时期，淮河流域与安徽长江流域以南的皖南的生态环境演变对比 2. 皖南山区的气候与丰富物产 3. 徽商早期原始积累所从事的商业资源对象，如木、茶、蚕等
	徽商兴盛林业繁荣	1. 徽商对杉、竹栽培和经营 2. 徽商对森林资源的合理利用
现状展示区	今日徽州现代林业	1. 今日徽州现代林业与徽商的渊源 2. 今日徽州现代林业发展与建设成就

历史展示区按照空间与时间序列，又分为"皖南山区，徽商形成""徽商兴盛，林业繁荣"两个主题展区。

主题一：皖南山区，徽商形成。该主题主要采用以展板、展示墙为主要媒介的平面式展示手法，影音、广播、电子展示墙等为主要媒介的多媒体式展示手法，以互动游戏机、留言箱、留言板等为主要媒介的互动参与式手法，展示内容主要围绕明清时期淮河流域与安徽长江流域以南的皖南生态环境演变对比，以及皖南山区的气候特征、丰富物产，同时重点呈现徽商早期资本原始积累所从事的商业资源对象，如竹木、茶叶、蚕桑、林副产品等，从地域生态环境本底角度，深度剖析环境与生存其间人的生息适应与改造自然的方式，诠释徽商的形成与皖南山区较好的生态环境和丰富的自然资源之间的密切关系。

主题二：徽商兴盛，林业繁荣。该主题主要采用以展板、展示墙为主要媒介的平面式

展示手法和以影音、广播、电子展示墙等为主要媒介的多媒体式展示展示手法，展示内容主要围绕：一是徽商对杉、竹等用材林、经济林的栽培和经营，以及运输与跨境经营历史；二是徽商的茶、蚕产业；三是徽商经营的与山区经济相连的徽州手工业、花卉、盆景等；四是徽商经济中重要的组成部分——山场经营，诠释徽商对于山区森林资源的科学经营与徽州林业繁荣之间密不可分的联系。

2. 徽州竹文化综合展示平台

构建集室内的展示与对外交流、室外体验于一体的徽州竹资源收集与竹文化展示平台，为竹文化节提供展示与交流、感知与体验的空间场所，彰显与传承中华悠久深厚的竹文化。

（1）竹资源收集展示区。以黄山太平基地竹种园为依托，构建竹资源收集展示园。就具体展示而言，其可以分为"竹之博览"与"徽州之竹"两个主要展示部分。

竹之博览：主要收集与展示各类竹种资源，以种类和用途为划分依据，细分为不同的收集与展示空间，并配以详实的标识与解说系统，对收集与展示的竹质资源对象加以科普性与大众化地说明。

徽州之竹：立足徽州特有的竹质资源，重点加以展示，并配套一系列的图书影音资料，让参观者能够从资源角度，直观深刻地认识徽州与竹文化的特殊渊源。

（2）室内对外交流区。以构建国内竹文化产业的展示窗口与竹文化产品的展销窗口为主要目的，构建室内对外交流区。

竹文化休闲产业展示：以展现黄山以竹为主题的休闲与旅游产业为目的，介绍、宣传黄山重要的竹文化主题公园、山庄、景区等生态休闲与生态旅游地。

竹文化产品展示销售：联合竹制品生产、加工等企业，音响制品出版商等与竹文化产业相关的各大企业，构建文化产品展示销售区，展示与销售竹制品及以其为原料的加工物与提取物，以及竹文化主题的电影、报纸、歌话剧出版物、书、画、摄影图册等文化创意与传媒类产品。

（3）室外体验空间区。从室内室外的总体布局角度考虑，在室外适宜位置培植景观竹林，塑造相应的景观空间元素，合理组织私密、开敞等不同性质的空间，分为"冥想""交流"两个主题场所打造与室内展示空间相辅相成的室外体验空间区，为徽州竹文化综合展示平台的参观者提供休憩空间与接触感知绿竹的空间。

场所一："冥想"——翠竹生幽。培植密度较高且较为成熟的竹林塑造私密型基底空间，建设室外休憩公共设施、建设竹轩茶室，以翠竹生幽、竹音婆娑的环境底蕴，融化浮华与不安，给予人幽与静的冥想空间。

场所二："交流"——竹围水绕。以竹与水为围合限定空间形态的元素，塑造半开敞型社交空间，以小广场、小游园、长廊、步道等形式，构建竹影摇曳水漾斑驳的场所环境，提供亲朋交往与小型集会型社会活动的空间。

九、自然生态文化综合基地建设工程

（一）建设目标

至 2015 年，牯牛降森林生态文化综合体的绿色康体理疗基地与自然融情体验基地建设基本完成并投入使用。太平湖湿地生态文化综合体的"自然原生的风情面纱""自然孕育的文脉烙印""自然和谐的现代休闲"三大户外主题区的各项建设基本完成。

至 2020 年，牯牛降森林生态文化综合体与太平湖湿地生态文化综合体的建设项目得到全面提升与完善，成为公众体验感知生态文化与接受吸纳生态文化的首选地，形成一定的社会影响力。

（二）建设内容

依托黄山市内良好的资源基础，构建以森林生态文化为核心的牯牛降森林生态文化综合体与以湿地生态文化为核心的太平湖湿地生态文化综合体，打造自然生态文化综合基地。

1. 牯牛降森林生态文化综合体

依托牯牛降自然保护区，通过建设以"康健"为主题的绿色康体理疗基地与以"休闲"为主题的自然融情体验基地，打造牯牛降森林生态文化综合体（表 8-27）。

表 8-27　牯牛降森林生态文化综合体建设总体概况表

	包含场所	建设主旨	建设内容
绿色康体理疗基地	身体辅助治疗场所	聚自然之气以疗	1. 植物精气浴场 2. 森林调理浴场
	心灵舒缓治愈场所	感自然之氛以宁	1. 森林园艺空间 2. 森林"禅思"空间
自然融情体验基地	栖居场所	隐自然之静而栖	1. 森林"假日村" 2. 山水"会客厅"
	游憩场所	悦自然之动而嬉	1. 森林漫行路 2. 徒步登山道 3. 丛林野营区 4. 山林艺术区 5. 湖水娱乐区

（1）绿色康体理疗基地。立足森林对人体健康的积极影响，通过建设以"聚自然之气以疗"为主旨的植物精气浴场项目、森林调理浴场项目构建身体辅助治疗场所，以及以"感自然之氛以宁"为主旨的森林园艺空间项目、森林"禅思"空间项目构建心灵舒缓治愈场所，打造绿色康体理疗基地。

身体辅助治疗场所建设：牯牛降植被资源良好，充分发挥森林对于人体身体健康的积极作用，以森林浴场的形式展开相关建设，在分析其可达性的基础上，选择游憩路线方便可达的适宜场地建设森林浴场，在评估其林分资源的类型及其生长状况的基础上，进行提升其保健属性的植物配置工作。同时，在勘测具体建设场地的基础上，因地制宜设计建设符合不同功能的森林浴步道系统、森林浴休憩系统、森林浴解说系统，重点打造具有治疗功能的植物精气浴场与具有调理功能的森林调理浴场，构建两大主体功能属性的身体辅助治疗场所，建设内容见表 8-28。

表 8-28 身体辅助治疗场所建设概况表

	建设目的	场地选址	场地植物	场地设计
植物精气浴场	使游憩者能够在森林浴场中吸收具有药理性的植物精气获得植物特殊挥发物对于特殊性疾病的针对性治疗	保证可达性的基础上，尽量选择相对独立的林分空间，给予接受森林浴者一个相对私密的空间	管护已有特殊病理功能的保健林分的基础上，从视觉美方面考虑，增添相同功能的景观植物	以森林林分内部的步道系统为主，休闲系统为辅，并配合科普解说系统
森林调理浴场	使游憩者能够在具有较高负离子浓度的优质森林空气环境与绿视率较高的森林视觉环境中享受"洗肺"与缓解视觉疲劳等生态服务，获得身体的保健与调理	具有较高可达性，与游憩路线紧密结合		以休闲系统为主，步道系统为辅，并配合科普解说系统

心灵舒缓治愈场所建设：依托牯牛降的良好森林本底条件，建设森林园艺空间与森林"禅思"空间，打造心灵舒缓治愈场所，建设内容见表 8-29。

表 8-29 心灵舒缓治愈场所建设概况表

	针对群体	建设目的	建设内容
森林园艺空间	针对抑郁等心理疾病群体与需机能复健群体	一方面使心理疾病者在接触自然环境与劳作中缓解压力，达到复健心灵的目的；另一方面使身体机能衰退者、老人在播种、扦插、上盆、种植配置等坐态活动与整地、浇水、施肥等站立活动中综合运动全身，达到恢复身体机能延缓衰老的目的	在森林中开辟适宜场地，建设园艺复健治疗区，为其提供实际接触与美化维护植物、盆栽、庭园的园艺活动空间
森林"禅思"空间	针对长期生活在城市，生活状态相对孤立，精神处于较大压力、身体处于亚健康状况的群体	享受自然氛围，释放压力，消除不安心理与急躁情绪，感染自然气息，恢复健康，拥有逆境勇气与困境信心，回归心灵的平静和身体的健康	在空气流通且林下环境较为开阔的森林区域展开户外瑜伽场地、户外禅学课堂等的建设，在相对郁闭的森林区域展开私密空间建设

（2）自然融情体验基地。通过建设以"隐自然之静而栖"为主旨的森林"假日村"项目、山水"会客厅"项目构建栖居场所，以及以"悦自然之动而嬉"为主旨的森林漫行路项目、徒步登山道项目、丛林野营区项目、山林艺术区项目、湖水娱乐区项目构建游憩场所，打造自然融情体验基地。

（1）栖居场所建设。在牯牛降现有森林度假木屋与酒店的临水平台建设的基础上，展开扩展建设，构建森林"假日村"与山水"会客厅"，打造栖居场所（图 8-1）。

森林"假日村"——立足现有森林度假木屋客房建设的基础，依照地形与环境本底条件，因地制宜地展开扩展建设，在总体规划上对不同类型的木屋建筑做出功能分区，在具体建筑上采用生态性的建筑材料与建筑方式，同时在生态设计的原则下进行其内部居家设计，并配备运动设施、阅读设施、音响设施，同时重点结合森林浴的室外康复诊疗内容，突出特色元素，配置与之功能相对应的室内植物、药理香薰、植物精油提取物、植物药膳等，从多方位打造牯牛降特色的森林"假日村"。

图8-1　牯牛降森林木屋与平台现状

山水"会客厅"——立足牯牛降现有的酒店临水平台，扩展构建以建立人与人之间互信互助的社会感情为目的，服务于整个牯牛降景区的公共空间。建设内容主要包括平台空间功能的提升与平台空间环境的提升，其中平台空间的提升主要包括：一方面，调整现有休憩设施，以人亲疏交往的最佳社会距离差异设置长椅、排椅等空间尺度不同的休息设施；另一方面丰富现有功能设施，如根据阅读、赏景、品茗、喝咖啡等不同需求增添桌椅等配套设施，平台空间环境的提升主要从增加临水平台的园艺建设展开，塑造以水景、鲜花、阳光、露珠为主要元素的闲适、恬淡、美好的生态临水公共环境。

（2）游憩场所建设

依托牯牛降的森林环境与现有游憩设施建设的基础，构建森林漫行路、徒步登山道、丛林野营区、山林艺术区、湖水娱乐区，打造游憩场所。

森林漫行路——依托牯牛降景区中已规划建设的步道路径，因地制宜地改建或增建栈道、吊桥等，同时从康健和视觉两个方面提升沿线景观质量，一方面，对步道沿线植被进行功能改造，增加配置有益人体健康的植物群落；另一方面，对步道沿线进行景观石等人工景观元素的增设，结合倒木、枯枝、青苔、地衣、岩石等自然景观元素的保留与维护，从而构建起森林漫步的步道系统。

徒步登山道——立足牯牛降登山节已经形成的较好的知名度基础，以特色提升为目的，以牯牛降主峰与奇峰为主体，一方面尽量保证沿途景观的原生性，另一方面设置兼具通信功能、安全功能、环境解说科普功能的指示标识系统，打造集登山、赏景、科普于一体的徒步登山道。

山林艺术区——依据牯牛降的实际情况，选取适宜场地，建设音乐、美术、文学创作的工作室，同时可结合开敞的森林梳林空间，开展露营音乐节、丛林音乐会等艺术活动，形成自然与艺术交融的氛围。

森林野战区——选取适宜区域，开展丛林模拟战壕、遮蔽构筑物等丛林竞技战场及其安全保障设施的建设，开展个人对抗与团体协作的野战活动，提供融身丛林释放压力的场所，使参与者能够在置身自然环境的激情对抗中汲取能量。

野外生存区——规划适宜的场地，建设配套的训练设施与讲解平台，以野生食用植物与毒性植物识别、野外丛林紧急自救方法、丛林危机处理途径为主要内容，展开系统的野外生存训练活动。

团队素拓区——选取含较开阔场地的森林空间，建设丛林高空与地面的团队素质拓展活动的设备及其相关服务设施与应急设施，构建团队素质拓展场所。

湖水娱乐区——以牯牛降景区中的湖水景观区为建设地点，主要选取游竹排、溯溪玩水等生态性的娱乐项目，展开与水高度亲和的湖水娱乐区的建设。

2. 太平湖湿地生态文化综合体

依托太平湖湿地的本底环境及其现有规划与建设基础，分为"自然原生的风情面纱""自然孕育的文脉烙印""自然和谐的现代休闲"三大户外主题区展开建设，建设概况见表 8-30。

表 8-30　太平湖湿地生态文化户外主题区建设概况表

	空间主题	空间功能	空间建设内容	空间建设地点
主题区一	自然原生的风情面纱 ——太平湖水岛相依的自然环境与动植物生灵	风光欣赏 自然认知 科学研究	1. 天然景观路线 2. 湿地科研基地 3. 科普教育节点	湿地生态保育区、湿地科普教育区、主题生态群岛观光休闲区以及太平湖腹地内适宜位置
主题区二	自然孕育的文脉烙印 ——太平湖与当地人世代磨合适应的文化积淀	文化解读 民俗体验	1. 古迹寻踪路线 2. 民俗节庆活动	卓村牌楼、西峰庵、永庆庵等历史古迹、九曲湾历史与民俗文化体验区
主题区三	自然和谐的现代休闲 ——太平湖与现代都市诉求和谐适应的新篇章	生态度假 水上运动	1. 生态假日社区 2. 水上运动基地	大湖亲水运动休闲区及太平湖腹地内适宜位置

（1）主题区一：自然风情主题区建设。针对太平湖水岛相依的自然环境与动植物资源，通过天然景观路线、湿地科研基地、科普教育节点三个项目的建设，打造自然风情主题区。

天然景观路线：以太平湖自然景观为依托，在湖面及其湖滨湿地范围内，构建天然景观线路，以岛屿水景观、动植物景观为主题内容展开不同主题的天然景观路线建设，从不同角度展现太平湖自然风光，建设概况见表 8-31。

表 8-31　天然景观线路建设概况表

线路主题	线路主题构成元素	线路建设形式
岛屿水景观	湖水群岛	开辟水上游览线路，引入游船、快艇等通行工具，展现风采各异的群岛景观
	湿地水岸	开辟沿湖滨延伸的湿地水岸游览线路，通过建设具有天然路面的生态堤岸与亲水栈道，构筑湖滨水景观通道
	湿地水域	开辟穿梭可进入湿地水域的景观路径，路径以桥梁为主，应依据水区的水文状况，选择合适的桥梁类型：①针对水流较为湍急的地点，可选择由层积木梁在中心处弯曲连接而形成的拱桥或者由木梁和钢件构成的稳定性较强的桁架桥梁；②针对野趣较丰富，水流较为平缓的地点，可选择麻绳木质吊桥

（续）

线路主题	线路主题构成元素	线路建设形式
动植物景观	湿地草甸景观	结合这些环境中的户外自然教育空间，以通过区域的主路与环绕至主路上连接湿地丛林动植物、水生植物、浮游动物、湿地昆虫的认知平台的辅路为穿越该区域的主干路径的组织形式。主路以景观木栈道为主体，辅路以天然石材铺设路底，路面不做任何处理，以对环境的最小干扰保证自然景观的维系
	湿地丛林景观	
	水生植物景观	
	浮游动物景观	
	湿地水禽景观	在水禽主要间歇地和越冬场所，以不干扰水禽活动与不破坏生境原生状态为前提，建设穿梭其间的动态观赏线路，并在重要节点设置观鸟平台、瞭望塔等

湿地科研基地：立足太平湖国家湿地公园整体空间，以建立科考与专业人员的学习空间、建立生态规划设计者的研究空间为目的，通过科考教学研究中心与规划反馈研究中心的建设，构建湿地科研的天然基地。

科考教学研究中心——一方面建设研究基地，联合专业研究所、高校等研究机构，建立湿地水生植物、浮游生物、蝶类、水禽等动植物种质资源调查、湿地水质的功能研究与状态监测、生态学实验等科研项目的野外基地。另一方面建设教学基地，结合相关院校的专业院系，建立面向高校专业领域学习人员的教学与实习基地。

规划反馈研究中心——在太平湖国家湿地公园的主要规划分区点，建立长期的规划实施与其后期动态反馈观测中心，对规划调整与湖泊型湿地公园的建设理念与实践方案的研究提供长期的基础平台。

科普教育节点：选取芦苇荡、水洼地、水生植物丛等地点，建设湿地功能认知、湿地生物认知的自然课堂，形成具有自然教育功能的节点空间，建设概况见表8-32。

表8-32　科普教育节点建设概况表

	空间组织形式	空间建设内容
湿地功能认知	开放式监测与展示平台	以平台为契机提供参观者参与湿地的负氧离子、氧浓度、空气颗粒物、温度、湿度等气候环境因子与悬浮物、溶氧量、重金属含量等水环境因子的监测空间，使其切身认知湿地在改善小气候环境与净化水质方面的生态功能
湿地生物认知	开敞式观赏与解说平台	1. 水生植物认知 平台深入水生植物群落内部，从细微的根、茎、叶的角度去发现水生植物的神奇，认知水生植物的特性 2. 浮游动物认知 平台深入水洼地，配置显微观察设备，为参观者标识与讲解，引导参观者观察与记录湿地浮游动物，呈现一个微小而丰富的浮游动物世界 3. 湿地昆虫认知 平台深入湿地草甸、草丛内部，配置昆虫观察设备，提供一个了解湿地昆虫及其生活史的窗口

（2）主题区二：自然文脉主题区建设。立足太平湖与当地人世代磨合适应的文化积淀，通过古迹寻踪路线、民俗节庆活动两个项目的建设，打造自然文脉主题区。

古迹寻踪路线：以太平湖风景区内反映徽派建筑悠久历史的卓村牌楼、希范堂、海宁学舍、苏氏宗祠、西峰庵、永庆庵为核心资源，结合太平湖风景区内的游憩步道系统，建设穿梭其间以核心资源为对象节点的古迹寻踪路线。

民俗节庆活动：以融古陶文化、原始风貌、自然景观为一体的龙窑寨、众家山遗址、平龙山茶文化休闲园、轮渡民俗文化接待村等现有民俗主题的景区为依托，在挖掘和整理民俗文化、历史文化提升景区格调与品位的基础上，开展公众参与性与体验性的民俗节庆活动，呈现并传播太平湖与当地人世代磨合适应的文化积淀。

（3）主题区三：自然休闲主题区建设。以太平湖与现代都市诉求和谐适应为开发前提，通过生态假日社区、滨水运动基地两个项目的建设，打造自然休闲主题区。

生态假日社区：在太平湖腹地的适宜区域以休闲、度假为场所空间功能，以满足都市人回归自然的诉求为建设目的，建设生态假日社区，社区的建设以顺应自然为前提，采用生态的规划理念与生态的建筑方式，依据建设地的环境本底与风向等自然条件规划假日社区的整体布局，借自然之力做功，形成生态总体布局，同时社区内所有建筑及设施设备均采用绿色低碳与生态环保的建筑材料与建筑方式，形成生态建筑群落。

滨水运动基地：利用太平湖水域构建滨水运动的平台，立足太平湖水岸的宽窄变化和岸际资源情况，从水上、沿岸两个空间层次，因地制宜地展开不同类别的运动基地建设。

水上竞技运动基地——依托太平湖开阔的水面，一方面，构建水上运动训练基地，筛选无机动污染，对水体干扰较少的水上运动项目，打造帆板、皮划艇两项船类竞技项目，水橇、滑水板、冲浪三项滑水运动项目的集训基地；另一方面，构建水上运动比赛基地，建设比赛设施与观赛设施，打造高层次的水上运动竞技比赛基地、水上运动会举办基地。

沿岸环湖运动基地——依据太平湖沿岸生态基础设施的情况，选择合适的建设路径，打造沿岸环湖运动基地，以自行车运动、竞走运动、越野跑运动为主要运动项目，展开赛道与服务节点及其相应设施的建设，同时，在硬件条件建设的基础上开展与举办环湖运动活动，一方面是包括职业性的国际、国内环湖公路自行车赛、越野中长跑比赛、竞走比赛等大型赛事性活动，以扩大太平湖的社会影响力；另一方面是公益性的亲子环湖耐力运动会、社会团体团队耐力友谊赛等活动，使参与者充分感受太平湖不同于城市化地区运动场所的自然健康之美。

十、徽州人居生态文化示范建设工程

（一）建设目标

至2015年，新安江都市人居滨水廊道的民生工程与景观工程建设基本完成并投入使用，五里村新农村生态文化园的度假基地与风水林示范点建设基本完成，桃文化生态文化节庆活动蓬勃开展，西递宏村古韵生态文化园建设基本完成。

至2020年，新安江都市人居滨水廊道成为黄山市的靓丽水岸风情线，五里村新农村生态文化园成为生态度假村的建设典范，桃文化节成为黄山市的又一个品牌节庆，生态文化成为西递宏村的又一个精品主题，具有较高的社会认知度与影响力。

（二）建设内容

以都市和乡村的空间层面与现代和历史的时间层面为视角，选取都市水岸、新农村、历史古村为切入点，通过建设新安江都市人居滨水廊道、五里村新农村生态文化园、西递宏村古韵生态文化园，打造徽州人居生态文化示范建设工程。

1. 新安江都市人居滨水廊道

依托新安江滨水旅游景区，以"归还伴水而息的徽州式生活空间，还原碧水粉黛的皖南式山水河岸"为建设目标，展开"徽州式生活缩影"的民生工程与"都市水景观剪影"的景观工程两大主题工程建设，通过建设以前者为建设主旨的滨水浣衣平台、日常休闲通道，以后者为建设主旨的水岸绿地景观、特色文化景观，打造新安江都市人居滨水廊道，建设概况见表8-33。

表 8-33　新安江都市人居滨水廊道建设概况表

建设目的	建设主题	建设内容
归还伴水而息的徽州式生活空间，还原碧水粉黛的皖南式山水河岸。	徽州式生活的缩影——民生工程	滨水浣衣平台 日常休闲通道
	都市水景观的剪影——景观工程	水岸绿地景观 特色文化景观

（1）民生工程。立足民生，以满足江岸居民所需生活用水的空间要求为主要目的，展开滨水浣衣平台建设，以及江岸居民所需日常休闲的空间需求为主要目的，展开日常休闲通道建设，打造新安江都市人居滨水廊道的民生工程。

滨水浣衣平台：新安江的水孕育了徽州伴水而生且与水息息相关的生活方式，时至今日新安江岸的居民仍然保持这种祖辈延传的生活方式（图8-2）。

充分考虑新安江岸居民的生活需求，对黄山市中心城区至花山谜窟景区长约10公里的新安江滨水旅游景区的两岸居民区与居住群体的分布进行详细的调查，依据其分布特点与对水岸使用的具体情况，在保持新安江滨水旅游景区总体规划设计格局的基础上，增加满足当地居民取水、浣衣等水岸生活的空间，建设沿水岸的青石路段及其衍生的石板埠头，给予这种与水和谐、因水而居的生活方式继续存在和延续的平台，也为现代都市社会树立一种典范，打开一扇解读生态生活方式的窗口。

图 8-2　新安江水岸居民浣衣取水等伴水生活方式

日常休闲通道：立足沿江居民日常休闲的需要，将居民日常休闲的建设项目作为节点纳入新安江滨水旅游景区的总体规划建设项目中，形成"游"与"居"的良好融合，使水岸居民享受江岸景区开发的成果，同时亦使人情生活氛围融于江岸景区中，形成其特有的地域气质，通过建设如下节点形成日常休闲通道：一是运动场所节点，主要针对中青年群体，以其使用需求和运动类型偏好为依据，建设器械运动、乒乓球场、羽毛球场、篮球场、轮滑场等运动空间；二是晨练游园节点，以满足江岸居民的晨练为主要目的，对公众晨练空间需求和场所偏好进行调研，以其为基础，建设晨练游园；三是儿童空间节点，依托水环境，选取适宜场所，开展亲水型儿童乐园建设，设置儿童水上活动设施，以及如家长瞭望台等在内的附属设施，给予其洁净而自然的童年游憩空间；四是开辟广场节点，以满足中年人自发性组织群体舞蹈等文艺活动的需求。

（2）景观工程。以新安江为纽带支撑都市绿色空间、承载地域文化空间，通过水岸绿地景观建设，塑造穿行于今徽州大地上的绿色水岸，通过特色文化景观建设，塑造对外展现徽州山水人文的风景线，建设概况见表8-34。

表8-34　景观工程建设内容表

	建设内容	建设内容概述
水岸绿地景观工程	河岸生态湿地	以现有湿地景观节点为建设基础，恢复湿地的自然风貌与自然功能，塑造其自然属性，同时增强景观设施与人的亲和性，形成可进入体验的河岸生态湿地
	康体绿地水岸	立足水岸现有绿化，分析其中不合理或不利于人体健康的植物群落，以康体保健的乡土植物对其进行功能提升，形成具有生态保健功能意义的绿地水岸
特色地域景观工程	地域文化景观	立足摩崖石刻、湖边古村落、徽州照壁、尤溪古渡、花山迷窟等反应地域文化与地域特色的景点建设的基础，提升标识解说系统等配套设施对徽州山水的图示与注解，将徽州山水特色浓缩在地域文化景观中
	地域植被景观	充分发掘地域植物，对其进行合理的配置和植物造景设计，在水岸适宜片区形成具有视觉效应又能反应映当地带性植被特色的地域植被景观

2. 五里村新农村生态文化园

以"兑现都市大隐于市的田园情怀，认知祖辈保护延存的绿色福泽，传播原野根植孕育的朴质快乐"为建设目的，并围绕这一目的分别展开凸显"隐市的宁静田园"主旨的乡村人家度假基地建设、凸显"延存的祖辈福泽"主旨的乡村风水林示范点建设、凸显"都市的世外桃源"主旨的乡村生态文化节庆建设，打造五里村新农村生态文化园，建设概况见表8-35。

表8-35　五里村新农村生态文化园建设概况表

建设目的	建设主旨	建设内容
兑现都市大隐于市的田园情怀，认知祖辈保护延存的绿色福泽，传播原野根植孕育的朴质快乐。	隐市的宁静田园	乡村人家度假基地
	延存的祖辈福泽	乡村风水林示范点
	都市的世外桃源	乡村生活文化节庆

（1）"隐市的宁静田园"——乡村人家度假基地。五里村农家乐目前已经具备了一定的开发规模与运行机制，如图 8-3 所示。立足五里村现有的农家乐开发规模与开发基础，扩展建设乡村田园度假基地，通过如下方面的建设打造乡村人家度假基地。

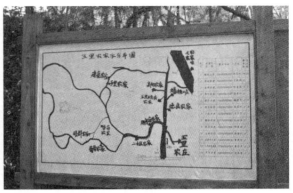

图 8-3　五里村现状与农家乐接待机制图

综合整合归并：以综合管理的视角对五里村现有的农家乐进行统筹，立足现有建筑、田园对路网通道进行最小化的调整，形成全村范围内布局合理的农家乐田园度假点系统。

设施提升建设：包括将现有运行机制完好的度假接待系统电子化、将农家乐内部住宿及配套设施在风格上更加徽州风格化，在使用功能上更加舒适化。

田园项目开展：以田园风情的体验与田园劳作乐趣的体验为目的建设采摘园、"开心农场"、家庭作坊等参与性田园风情项目。

农家庭院建设：塑造树荫覆盖、阳光斑驳、蝉鸣鸟吟、绿篱环绕、花果飘香的农家庭院，构建一个远离都市喧哗的宁静的农家院落。

（2）"延存的祖辈福泽"——乡村风水林示范点。以五里村留存的风水林为示范对象，建设乡村风水林示范点并开展面向社会的相关主题活动，彰显风水林对于村落文化的积极影响以及对于村落环境的积极影响，实现将这种传承至今的徽州风水林文化融于当代新农村建设中，继续传播其"安一村人心、育一村水土"的福泽。

风水林对于村落文化的积极影响：开展风水林祈福的传统性活动，传承风水林"安一村人心"的人文效应。

风水林对于村落环境的积极影响：以五里村为具体的实例对象构建观赏点与研究点，展示风水林、水口林对于村落的可持续性的延续积极意义，诠释风水林"育一村水土"的生态效应。

（3）"都市的世外桃源"——乡村生活文化节庆。依托五里村，在桃花盛开与桃果成熟之季，以"桃靥之美""采摘之乐""人为之用""桃园之娱"为主题板块，展开相应的活动，打造"都市世外桃源"的桃文化节庆。

桃靥之美：在桃花盛开之际，以目前已经构建成形的摄影基地为基础，完善与扩展建设观光步道、捕风基地、绘画写生基地，为深度赏析桃花之美提供平台。

采摘之乐：依托五里村的桃林，结合其内的农家乐活动，打造桃的种植与采摘基地，举办桃果采摘活动，使游人能够亲自体会到丰收与劳动的喜悦。

人为之用：在桃文化节期间开展桃的基本介绍与品种分类的文化展览，桃的栽培历史与食疗作用以及药用价值的现场解说、桃食制品的品尝与展销等活动，凸显桃与人类生活的重要关联。

桃园之娱：在桃花节期间，利用桃园内外的开场空间，考虑人员集散状况，开展篝火晚会等相关田园娱乐活动，活跃桃文化节的氛围，为游人提供多方位的融情于桃园的活动方式。

3. 西递宏村古韵生态文化园

以"叩开被时光虚掩的文脉之门，细赏人文烙印的徽州古迹，品鉴流传雕琢的皖南艺术，吸纳自然融合的生态智慧"为建设目的，围绕"皖风人情"展开项目规划，以生态风水、徽派建筑、庭院园林为展示要点突出"皖风"，以皖南民风为展示要点突出"人情"，通过观光体验步道、艺术捕风空间、综合研究基地、虚拟博物馆四项具体项目内容的建设，构建西递宏村古韵生态文化园（表8-36）。

表8-36　西递宏村古韵生态文化园建设总体概况表

建设目的	建设主题	主题展示要点	建设内容
叩开被时光与流年虚掩的文脉之门，细赏人文烙印的徽州古迹，品鉴流传雕琢的皖南艺术，吸纳自然融合的生态智慧。	皖风	生态风水 ——古代风水文化	1. 观光体验步道 2. 艺术捕风空间 3. 综合研究基地 4. 虚拟博物展馆
		徽派建筑 ——徽派建筑艺术	
		庭院园林 ——徽派园林艺术	
	人情	皖南民风 ——古村淳朴民风	

（1）观感步道网络。以综合的视角，立足西递与宏村及其周边的大环境，建设由全景欣赏与深度体验两个层次的观光步道段共同构成的观感步道网络，从宏观到微观呈现古村韵味的多维度美，传递古村人居与自然的完美切合，建设概况见表8-37。

表8-37　观感步道网络建设内容表

	建设地点	主题元素	建设内容
全景观光段	古村外围大背景内	自然画卷	立足村落区域建设宏观的全景观光步道，在最佳视觉效果的制高点设置眺望平台与摄影平台，呈现一幅由山、田园、村落构成的，渲染着桃叶青葱、花田灿烂、原野油绿、粉壁黛瓦的如梦的自然画卷，同时设置一定的解说系统，对村落与自然的依存布局进行大众化与趣味化的解释
深度体验步道段	古村内部街道小巷	雕刻时光	以留存的雕刻艺术的窗镂、门花等实体为对象设计路线打造雕刻艺术欣赏之旅，欣赏徽州雕刻艺术在古村中留存的痕迹，用心感悟匠人在精雕细琢中蕴含的自然哲理、社会哲理，寻回那些被隽永刻印在雕刻艺术品中的旧时光
		岁月斑驳	以皖南徽派建筑为对象，筛选具有代表性的古建点，打造建筑艺术欣赏之旅，赏析皖南徽派古建筑，细数斑驳的石墙、石壁、木桩记录的岁月流年，体会建筑通过体量感、空间感、材质感传达出的人居与环境的关系

（续）

	建设地点	主题元素	建设内容
深度体验步道段	古村内部街道小巷	隐匿阳光	依托现有街区，以小巷和天井为对象设计路线，打造环境氛围感悟之旅，游走在古村的街道与古村的屋檐间，穿行小巷，沐浴被街道隐匿后所剩斜阳的明亮，凝望天井，采撷透过屋檐被折射成光束的淡雅与柔和
		淳朴温情	依托现有街区，在不干扰当地人生活的前提下，适当深入当地人的聚居片区，设计路线打造人情氛围感悟之旅，漫步古村与村中人攀谈，听他们讲述古村的故事与古村的细节美，品尝村中特色美食，感受人情的温暖，感受当地淳朴简单的生活

（2）艺术捕风空间。以"水""屋""花"为捕风元素，通过艺术基地的建设、艺术活动的开展，打造艺术捕风空间，其主题内容与建设形式见表8-38。

表8-38　艺术捕风空间建设主题内容与建设形式表

捕风元素	主题内容	建设形式
水	以宏村之水为主题内容，以南湖、月沼、池塘、水榭等具体地点，捕捉烟雨、阳光、风雪、晨雾之中，春、夏、秋、冬四季之间的古村曲水流觞之美	1. 绘画写生基地 2. 摄影基地 3. 影视基地 4. 绘画、摄影等艺术展 5. "印象"西递宏村汇演
屋	以西递、宏村的建筑为主题内容，以古建、古街、古巷、古庭院为具体地点，捕捉古村落皖南徽派建筑肌理之美	
花	以西递、宏村周边的原野为主题内容，以油菜花田为具体地点，捕捉花田与粉壁交映，桃柳与黛瓦交织，自然与人工交融之美	

（3）综合研究基地。依托西递宏村的古村实体，建立风水文化、徽派建筑、庭院园林的研究中心，打造综合研究基地，将徽州古村选址布局的生态思想、房屋建设的生态智慧、庭院园林的生态艺术提炼，指导现代社会的"自然做功"调节风向、风力、温度、湿地的生态规划与生态建筑、"自然优先"设计乡土景观的生态园林建设，建设概况见表8-39。

表8-39　综合研究基地研究主题与具体内容表

研究主题	具体内容
风水文化	1. 村落与周围大背景布局关系的空间风水观 2. 村落"背山面水""依山造屋，傍山结村"的选址风水观 3. 宏村水系的脉络格局与建设风水观
徽派建筑	1. 建筑的整体风格 2. 建筑的内部构造及其构件功能 3. 建筑及其构筑物的细节装饰 4. 建筑的建设材质与建设形式
庭院园林	1. 小庭院的空间设计形式 2. 皖南庭院的植物种类及造景

（4）虚拟展示平台。利用互联网络，构建西递宏村古韵生态文化园的虚拟展示平台，以三维虚拟模拟的方式展示观光体验步道、艺术捕风元素的视觉内容，同时借助网络的展示综合研究基地的研究成果，更加广泛地传播先民的生态思想、生态智慧与生态艺术，形成更大范围内的社会认知。

第九章 黄山森林城市建设投资
估算与效益分析

一、投资估算

（一）估算范围

本项投资估算范围包括：

（1）黄山市国家森林城市建设重点工程的植树造林直接费用（含苗木种子、肥料、整地、栽植、灌溉、养护期间管护、病虫害防治等购置费和工费）、生态公益林的补偿费。

（2）基础工程费、设备费。

（3）后期管护费、管理费等。

不包括以上各规划项目的土地征用费、拆迁安置补偿费、造林地用地补偿费等项目费用。

（二）估算依据

1. 估算依据

估算依据主要有：①国家和地方的相应政策法规；②黄山市相关行业有关技术经济指标；③现行市场价格；④社会平均用工量。

2. 估算说明

（1）造林及培育费根据黄山市现行营造林技术经济指标进行估算。

（2）森林、林木管护费参照当地现行工资标准估算。

（3）基础设施建设费按专项规划概算计算。

（三）投资估算

黄山市国家森林城市建设重点实施 10 项工程，投资概算总计 89.88 亿元，其中，2015年前投资 47.74 亿元，占总投资的 53.12%；2016~2020 年投资 42.14 亿元，占总投资的46.88%。具体测算如下（表 9-1）：

（1）城区绿色福利空间建设工程，投资 11.87 亿元，占总投资的 13.20%。

（2）美丽村镇建设工程，投资 1.58 亿元，占总投资的 1.76%。

（3）生态敏感区绿色质量提升工程，投资 38.64 亿元，占总投资的 42.99%。

（4）高标准生物防护隔离林带建设工程，投资 0.254 亿元，占总投资的 0.28%。

（5）生态休闲旅游建设工程，投资 3.20 亿元，占总投资的 3.56%。

（6）木竹加工利用产业基地建设工程，投资 14.02 亿元，占总投资的 15.60%。

（7）特色高效林产经济建设工程，投资 15.32 亿元，占总投资的 17.04%。

（8）皖南生态文化展示系统建设工程，投资 1.20 亿元，占总投资的 1.34%。

（9）自然生态文综合基地建设工程，投资 2.00 亿元，占总投资的 2.23%。

（10）徽州人居生态文化示范建设工程，投资 1.80 亿元，占总投资的 2.00%。

表 9-1　黄山市森林城市建设工程投资概算

项目	建设规模			计算标准（万元）	投资（万元）		
	单位	2015 年	2020 年		2015 年	2020 年	合计
工程投资总计					477433	421424	898857
一、城区绿色福利空间建设工程					62078	56610	118687
（1）中心都市区							
金竹山城市中央公园					8000	10000	18000
综合公园	公顷	518.63	358.03	50	25931.5	17901.5	43833
居住区公园及小游园建设	公顷	33.86	46.44	50	1693	2322	4015
道路绿地建设	公顷	230.46	213.16	50	11523	10658	22181
慢行游憩绿道	公里	95	90	50	4750	4500	9250
绿荫停车场建设	万平方米	4	6	20	80	120	200
（2）副城区							
综合公园	公顷	92	102	50	4600	5100	9700
道路绿化及广场建设	公顷	25.8	29	50	1290	1450	2740
社区及单位附属绿地建设	公顷	74	83	50	3700	4150	7850
组团隔离林带	公顷	85	68	6	510	408	918
二、美丽村镇建设工程					6700	9140	15840
乡村公共生态游园建设	个	29	16	15	435	240	675
庭院林建设	公顷	255	380	15	3825	5700	9525
水岸林建设	公里	180	240	10	1800	2400	4200
风水林建设	公顷	80	100	8	640	800	1440
三、生态敏感区绿色质量提升工程					201351	185081	386432
都市饮用水源地与河流湿地保护建设	公顷	12470	13515	0.3	3741	4054.5	7796
风景名胜区景观提升改造	公顷	1400	1500	4.5	6300	6750	13050
特色沟峪森林保育建设	公顷	770	1092	3	2310	3276	5586
水土流失生态治理	公顷	21000	19000	9	189000	171000	360000
四、高标准生物防护隔离林带建设工程					1050	1490	2540
生物防火隔离林带建设	公里	52	68	12.5	650	850	1500
生物防虫隔离林带建设	公里	50	80	8	400	640	1040
五、生态休闲旅游建设工程					18000	14000	32000
四大精品旅游度假区优化提升					10000	8000	18000
四大生态休闲旅游区整合改造					8000	6000	14000
六、木竹加工利用产业基地建设工程					84054	56139	140193
资源培育基地建设	公顷	280000	187000	0.3	84000	56100	140100

（续）

项目	建设规模			计算标准（万元）	投资（万元）		
	单位	2015 年	2020 年		2015 年	2020 年	合计
木竹加工利用建设	亿元	180	130	0.3	54	39	93
七、特色高效林产经济建设工程					79200	73965	153165
油茶建设	公顷	6400	6100	3	19200	18300	37500
苗木基地建设	公顷	4667	2934	5	30000	19665	49665
特色林果基地建设					10000	11000	21000
林下经济建设					20000	25000	45000
八、皖南生态文化展示系统建设工程					6000	6000	12000
皖南林业生态文化展示区					3000	3000	6000
徽州竹文化综合展示平台					3000	3000	6000
九、自然生态文综合基地建设工程					10000	10000	20000
牯牛降森林生态文化综合体					5000	5000	10000
太平湖湿地生态文化综合体					5000	5000	10000
十、徽州人居生态文化示范建设工程					9000	9000	18000
新安江都市人居滨水廊道					3000	3000	6000
五里村新农村生态文化园建设					3000	3000	6000
西递宏村古韵生态文化园建设					3000	3000	6000

（四）资金筹措

（1）需要黄山市各级财政投入 33.42 亿元，占工程总投资的 37.18%，其中，2015 年前投资 17.31 亿元。黄山市各级财政投入主要用于城区绿色福利空间建设、美丽村镇建设、高标准生物防护隔离林带建设及生态文化建设等工程建设。

（2）需要政府相关部门分别向省、国家争取项目资金 8.35 亿元，占工程总投资的 9.29%。主要包括生态敏感区绿色质量提升、生态文化工程及重点产业工程的扶持。

（3）大力提倡和动员社会力量和个人投入森林城市建设，争取筹措资金 48.11 亿元，占工程总投资的 53.53%。主要是通过招商引资、项目融资、生态补偿等方式，实现社会力量和个人对生态休闲旅游建设工程、木竹加工利用产业基地建设工程、特色高效林产经济建设工程的投资与生态补偿。同时，通过全民义务植树，鼓励企业、个人积极参与、投入，动员全市人民积极参与生态环境和生态文化建设，捐资建设森林城市。

二、黄山市森林系统服务功能评估

城市森林是城市森林生态系统的重要组成部分，树木和森林具有美化环境、净化空气、减噪除尘等多种功能。黄山森林城市建设除具有优化环境的巨大作用外，还在景观游憩、人体保健、科普教育等方面发挥着巨大的作用。我们要与时俱进，从更广泛、更全面的角度认识黄山市城市森林的生态服务、社会服务功能。

（一）生态服务功能评估

1．净化环境功能价值评估。

森林生态系统净化环境功能主要表现在吸收污染物、阻滞粉尘、杀灭病菌、降低噪声、提供负离子等方面，为此，选用吸收二氧化硫、吸收氟化物、吸收氮氧化物、阻滞粉尘、杀菌减噪和提供负离子等6个指标来反映森林净化大气环境的能力。

（1）吸收 SO_2 的功能价值评估。

采用吸收能力法评估森林吸收二氧化硫的功能价值，其公式可以表示为：

$$U = \sum K_1 S_i Q_{1,i}$$

式中：U——森林每年吸收二氧化硫的总功能价值（元/年）；

　　　i——森林生态系统中的主要林分；

　　　K_1——二氧化硫的治理费用（元/公斤）；

　　　$Q_{1,i}$——森林中不同林分吸收二氧化硫的能力，即单位面积不同森林林分吸收二氧化硫的量［公斤/（公顷·年）］；

　　　S_i——林分的面积（万公顷）。

根据《中国生物多样性国情研究报告》，阔叶林对 SO_2 的吸收能力为88.65公斤/（公顷·年），针叶林（包括柏类、杉类、松类）平均吸收能力为215.60公斤/（公顷·年）；根据国家发展和改革委员会等四部委2003年第31号令《排污费征收标准及计算方法》，北京市高硫煤二氧化硫排污费收费标准为1200元/吨。经计算，2011年黄山市城市森林年吸收 SO_2 10.09万吨，总经济价值达1.21亿元；2020年黄山市城市森林年吸收 SO_2 10.30万吨，总经济价值达1.24亿元（表9-2）。

表9-2　黄山市城市森林吸收 SO_2 功能及价值

森林类型	面积（万公顷）		吸收能力［公斤/（公顷·年）］	吸收量（万吨）		价值（万元）	
	2011年	2020年		2011年	2020年	2011年	2020年
阔叶林	23.47	23.96	88.65	2.08	2.12	2496	2544
针叶林	37.16	37.93	215.60	8.01	8.18	9612	9816
合计	60.63	61.89	—	10.09	10.30	12108	12360

（2）吸收氟化物的功能价值评估。

采用吸收能力法评估森林吸收氟化物的功能价值，其公式可以表示为：

$$U = \sum K_2 S_i Q_{2,i}$$

式中：U——森林每年吸收氟化物的总功能价值（元/年）；

　　　K_2——氟化物的治理费用（元/公斤）；

　　　S_i——林分的面积；

　　　$Q_{2,i}$——森林中不同林分吸收氟化物的能力［公斤/（公顷·年）］。

参照北京市环境科学研究所的研究结果：阔叶林的吸氟能力约为 4.65 公斤 /（公顷·年），针叶林约为 0.50 公斤 /（公顷·年）。根据国家发展和改革委员会等四部委 2003 年第 31 号令《排污费征收标准及计算方法》，北京市氟化物排污费收费标准为 690 元 / 吨。经计算，2011 年黄山市城市森林年吸收 1277 吨氟化物，总经济价值达 88.11 万元，2020 年黄山市城市森林年吸收 1304 吨氟化物，总经济价值达 89.98 万元（表 9-3）。

表 9-3　黄山市城市森林吸收氟化物功能及价值

森林类型	面积（万公顷）		吸收能力 [公斤/（公顷·年）]	吸收量（吨）		价值（万元）	
	2011 年	2020 年		2011 年	2020 年	2011 年	2020 年
阔叶林	23.47	23.96	4.65	1091	1114	75.28	76.87
针叶林	37.16	37.93	0.50	186	190	12.83	13.11
合计	60.63	61.89	—	1277	1304	88.11	89.98

（3）吸收氮氧化物的功能价值评估。

采用吸收能力法评估森林生态系统吸收氮氧化物的功能价值，其公式可以表示为：

$$U= \sum K_3 S_i Q_{3,i}$$

式中：U——森林每年吸收氮氧化物的总功能价值（元 / 年）；

　　　K_3——氮氧化物的治理费用（元 / 公斤）；

　　　$Q_{3,i}$——森林中不同林分吸收氮氧化物的能力，即单位面积不同森林林分吸收氮氧化物的量 [公斤 /（公顷·年）]；

　　　S_i——林分的面积。

参照北京市环境科学研究所的研究结果：林木吸收氮氧化物的能力约为 6 公斤 /（公顷·年），根据国家发展和改革委员会等四部委 2003 年第 31 号令《排污费征收标准及计算方法》，北京市氮氧化物排污费收费标准为 630 元 / 吨。经计算，2011 年黄山市城市森林年吸收 3638 吨氮氧化物，总经济价值达 229.19 万元，2020 年黄山市城市森林年吸收 3714 吨氮氧化物，总经济价值达 233.98 万元（表 9-4）。

表 9-4　黄山市城市森林吸收氮氧化物功能及价值

森林类型	面积（万公顷）		吸收能力 [公斤/（公顷·年）]	吸收量（吨）		价值（万元）	
	2011 年	2020 年		2011 年	2020 年	2011 年	2020 年
阔叶林	23.47	23.96	6	1408	1438	88.70	90.59
针叶林	37.16	37.93	6	2230	2276	140.49	143.39
合计	60.63	61.89	—	3638	3714	229.19	233.98

（4）阻滞粉尘的功能价值评估。

粉尘是大气污染的重要指标之一，植物特别是乔木对烟灰、粉尘有明显的阻挡、过滤和吸附作用。采用吸收能力法评估森林生态系统阻滞粉尘的功能价值，其公式可以表示为：

$$U= \sum K_4 S_i Q_{4,i}$$

式中：U——森林每年阻滞粉尘的总功能价值（元／年）；

$\qquad K_4$——粉尘的治理费用（元／吨）；

$\qquad Q_{3,i}$——森林中不同林分阻滞粉尘的能力，即单位面积不同森林林分阻滞粉尘的量［公斤／（公顷·年）］

$\qquad S_i$——林分的面积。

根据《中国生物多样性国情研究报告》，针叶林的滞尘能力为 33.23 吨／公顷，阔叶林的滞尘能力为 10.11 吨／公顷。根据国家发展和改革委员会等四部委 2003 年第 31 号令《排污费征收标准及计算方法》，一般性粉尘排污费收费标准为 150 元／吨。经计算，2011 年黄山市城市森林每年阻滞粉尘 1.47 万吨，总经济价值达 220.50 万元，2020 年黄山市城市森林每年阻滞粉尘 1.502 万吨，总经济价值达 225.30 万元（表 9-5）。

表 9-5　黄山市城市森林阻滞粉尘的功能及价值

森林类型	面积（万公顷）		吸收能力［公斤/（公顷·年）］	吸收量（万吨）		价值（万元）	
	2011 年	2020 年		2011 年	2020 年	2011 年	2020 年
阔叶林	23.47	23.96	10.11	0.237	0.242	35.55	36.30
针叶林	37.16	37.93	33.23	1.23	1.26	184.50	189.00
合计	60.63	61.89	—	1.47	1.502	220.50	225.30

（5）杀菌减噪的功能价值评估。

杀菌减噪的功能价值一般采用总价值分离法进行估算，按照造林成本或森林生态价值的一定比例（10%~20%）进行折算，可以应用公式：

$$U=\sum S_i q P（d+e）$$

式中：U——森林杀菌减噪的总功能价值（元／年）；

$\qquad q$——林木单位面积蓄积量（立方米／公顷）；

$\qquad P$——造林成本，参考成本价为 240.03 元／立方米；

$\qquad d$、e——森林杀菌、减噪价值占森林总生态功能价值的比例系数，一般取 20% 和 15%；

$\qquad S_i$——林分的面积。

黄山市全市活立木总蓄积量为 3372.9 万立方米，则 2011 年黄山市城市森林杀菌减噪的服务功能价值为：$3.373 \times 10^7 \times 240.03 \times（20\%+15\%）\times 10^{-8}=28.34$（亿元），2020 年黄山市活立木总蓄积量将达到 3650 万立方米，城市森林杀菌减噪的服务功能价值为 30.66 亿元。

（6）提供负离子的功能价值评估。

国内外研究证明，当空气中负离子超过 600 个／立方厘米时将有益于人体健康，现有文献通常根据市场上生产负离子的成本来折算林分年提供负离子的货币价值。计算公式为：

$$U=52.56 \times 10^{14} \times S \times H \times K_6 \times（Q_6-600）/L$$

式中：U——林分年提供负离子价值（元／年）；

$\qquad H$——林分的平均高度（米）；

K_6——负离子生产费用（元/个）；

Q_6——林分中负离子浓度（个/立方厘米）；

L——负离子在空气中的存活时间（分钟）；

S——林分的面积。

根据中国浙江省台州科利达电子有限公司生产的适用范围 30 平米（房间高 3 米）、功率为 6 瓦、负离子浓度 10 万个/立方厘米、使用寿命为 10 年、价格 65 元/个的 KLD-2000 型负氧离子发生器推断，负离子寿命为 10 分钟，每生产 10^{18} 个负离子的成本为 5.8185 元。黄山市森林以乔木为主，根据实测结果，取乔木林平均高度 7 米估算林分平均高度。负离子浓度取平均值 1600 个/立方厘米。

2011 年黄山市城市森林提供负离子的功能价值约为：

$52.56 \times 10^{14} \times 75.91 \times 7 \times 5.8185 \times 10^{-18} \times$（1600-600）/10=0.162（亿元），2020 年黄山市城市森林提供负离子的功能价值约为 0.166 亿元。

由以上数据可知，2011 年黄山市森林净化环境功能总价值为 29.76 亿元，2020 年将达到 32.12 亿元。

2. 调节气候功能价值评估

其价值可用替代成本法估算，即减少空调或加湿器的耗电费用来衡量城市森林调节气候功能价值。城市森林调节气候的价值包括：调节温度的价值和调节湿度的价值。

（1）森林年均调节温度的价值。

该价值可以用空调调节温度所耗电能价值来替代，计算公式为：

$$U = K \cdot D \cdot T \cdot M \cdot C$$

式中：U——森林年均调节温度的价值（元/年）；

K——森林调温空间（立方米，一般以 5 米为高度乘以森林面积）；

D——无林区与有林区日平均温度差的绝对值（℃）；

T——该区域年均使用空调的天数（天/年）；

M——空调调温能力，即每立方米空间每天调温 1℃所耗的电量 [度/（立方米·摄氏度·天）]；

C——单位电费（元/度）。

现有文献表明，有林地的日平均气温至少要比外界低 1.7℃，根据以上评估方法和公式，一般面积为 14.4 平方米、层高为 3 米的居民用房，平均每降温 1℃，需要用电 1 度左右，即空调降温能力约每立方米空间每降温 1℃需要耗费用电 0.02315 度。黄山市森林面积为 75.91 万公顷，以 5 米为高度作为森林的降温高度，则黄山市森林的降温空间为 3.79×10^{10} 立方米。要使这么大的空间日均降温 1.7℃，每天要耗电 1.49×10^9 度。按每年使用空调降温的天数为 30 天计算，一年内黄山市降温所需电能约为 4.48×10^{10} 度。黄山市电价平均按每度 0.6 元计算，则 2011 年黄山市城市森林降温功能的价值约为 268.87 亿元。2020 年黄山市森林面积将达到 77.47 万公顷，按照以上公式计算黄山市城市森林 2020 年降温功能的年价值约为 274.39 亿元。

（2）森林年均调节湿度的价值。

该价值可以用加湿器增加湿度所耗电能价值来替代，计算公式为：

$$U = K \cdot D \cdot T \cdot M \cdot C$$

式中：U——森林年均调节湿度的价值（元/年）；

　　　K——森林增湿空间（立方米，一般以5米为高度乘以森林面积）；

　　　D——无林区与有林区日平均湿度差的绝对值（相对湿度）；

　　　T——该区域年均使用加湿器的天数（天/年）；

　　　M——加湿器的增湿能力，即加湿器每立方米单位每天增湿所耗的电量［度/（立方米·相对湿度·天）］；

　　　C——单位电费（元/度）。

现有文献表明，林内的空气湿度要比无林地高20%，采用替代法计算加湿器加湿到相同湿度所需电量为127.62度/公顷，黄山市有林地面积为75.91万公顷，则每天增湿所需电能为0.97×10^8度。按每年使用加湿器加湿的天数为30天计算，一年内黄山市加湿所需电能约为2.91×10^9度。黄山市电价平均按每度0.6元计算，则2011年黄山市城市森林增湿功能的年价值约为17.44亿元。2020年黄山市城市森林增湿功能的年价值约为17.8亿元。

加总后可知，2011年黄山市城市森林调节气候的功能价值约为286.31亿元，2020年黄山市城市森林调节气候的功能价值约为292.19亿元。

3. 固碳释氧价值评估

城市森林能够通过光合作用吸收空气中的二氧化碳，制造并释放出氧气，这对维持大气中的CO_2和O_2的动态平衡、减少温室效应以及为人类提供生存的基础都有巨大和不可替代的作用。根据《中国生物多样性国情研究报告》，阔叶林固定二氧化碳量约为37.5吨/（公顷·年），针叶林约为29.3吨/（公顷·年），而阔叶林释放的氧气约为27.3吨/（公顷·年），针叶林约为21.3吨/（公顷·年）。

（1）固碳价值。

先推算出年CO_2固定量，然后分别用碳税法和造林成本法计算出固碳效益，最后取两种方法的平均值。经计算，2011年、2020年黄山市森林固定二氧化碳量分别为1968.91万吨、2009.85万吨。

根据瑞典碳税法，碳的价格为150美元/吨，折合人民币252.8元/吨计算，以及根据造林成本法，目前中国几种树的平均造林成本为240.03元/立方米，折合为碳的价格为260.9元/吨，取两种算法的平均值，则2011年黄山市森林固定二氧化碳的经济价值为50.57亿元，2020年黄山市城市森林固碳产生的价值为51.62亿元（表9-6）。

表9-6　黄山市城市森林固碳功能及价值

类型	面积（万公顷）		吸收能力	吸收量（万吨）		价值（亿元）	
	2011年	2020年	［吨/（公顷·年）］	2011年	2020年	2011年	2020年
阔叶林	23.47	23.96	37.5	880.12	898.5	22.61	23.08
针叶林	37.16	37.93	29.3	1088.79	1111.35	27.96	28.54
小计	60.63	61.89	—	1968.91	2009.85	50.57	51.62

（2）释氧价值。

先计算出黄山市每年释放的氧气量，然后采用造林成本法和工业制氧价格的平均值估算释放 O_2 的经济价值。根据《中国生物多样性国情研究报告》，我国造林成本折合氧的价格为 352.93 元 / 吨，工业制氧成本为 400 元 / 吨，取两种算法的平均值。

采用工业制氧价格和造林成本二者的平均值 53.92 亿元作为 2011 年黄山市森林释放氧气的经济价值，经计算，2011 年、2020 年黄山市森林释放的氧气量分别为 1432.24 万吨、1462.02 万吨。则 2011 年、2020 年黄山市城市森林释放氧气产生的价值分别为 53.92 亿元、55.04 亿元（表 9-7）。

表 9-7　黄山市城市森林释氧功能及价值

森林类型	面积（万公顷）		吸收能力 [吨/（公顷·年）]	吸收量（万吨）		价值（亿元）	
	2011 年	2020 年		2011 年	2020 年	2011 年	2020 年
阔叶林	23.47	23.96	27.3	640.73	654.11	24.12	24.63
针叶林	37.16	37.93	21.3	791.51	807.91	29.80	30.41
小计	60.63	61.89	—	1432.24	1462.02	53.92	55.04

两者相加，2011 年、2020 年黄山市森林固碳释氧价值分别为 104.49 亿元、106.66 亿元。

4. 森林涵养水源的价值评估

计算森林涵养水源的价值可用影子工程法，即通过单位蓄水量水库建设成本计算其价值。年涵养水源总价值 = 年涵养水源总量 ×1 立方米库容水价。根据降水储存量和水量平衡法计算，取两种经济价值的平均值。

根据降水储存量计量，研究表明在林地森林涵养水源量只占林区降水量的 55%。计算公式为：

$$森林涵养水源量 = 平均降水量 × 总面积 × 森林覆盖率 ×55\%$$

可计算出涵养水源量。再用影子工程法计算涵养水源经济价值，即用我国每 1 立方米库容的水库工程成本 0.67 元（1990 年不变价）× 本区森林涵养水源量。

根据水量平衡法计量，国内外森林涵养水源研究的理论和实践表明，该方法是计量森林水资源涵养量的最佳方法。计算公式为：

$$年平均径流量（森林涵养水源量）=（林区年平均降水量 - 年平均蒸散量）× 研究区域面积 = 年平均降水量 × 径流系数 × 研究区域面积$$

黄山市年平均降水量为 1670 毫米，森林面积为 75.91 万公顷，森林覆盖率为 77.4%，径流系数为 0.57。根据降水储存量计量和根据水量平衡法计量得出的年涵养水源量分别为 $5.4 × 10^9$ 立方米和 $7.22 × 10^9$ 立方米。经计算，2011 年黄山市森林涵养水源的价值为 42.28 亿元，2020 年黄山市森林涵养水源的价值为 43.15 亿元。

5. 水土保持效益的价值评估

森林凭借庞大的树冠、深厚的枯枝落叶层及强壮且成网络的根系截留大气降水，减少或免遭雨滴对土壤表层的直接冲击，有效地固持土体，降低了地表径流对土壤的冲蚀，使土壤流失量大大降低。在此，主要选用森林固土和保肥作用两个指标开展评估。

（1）森林年固土价值。

林木发达的根系形成根系网，固持住土壤，从而减少了土壤侵蚀。采用森林林地土壤侵蚀模数与无林地土壤侵蚀模数的差值乘以修建水库的成本（替代工程法）计算森林固土价值。根据 1993~1999 年《中国水利年鉴》平均水库库容造价为 2.17 元 / 立方米，2005 年价格指数为 2.816，即得到单位库容造价为 6.1107 元 / 吨。公式为：

$$U_{固土} = AC_库(X_2 - X_1)/\rho$$

式中：$U_{固土}$——森林年固土价值（元 / 年）；

　　　X_1——林地土壤侵蚀模数 [吨 /（公顷·年）]；

　　　X_2——无林地土壤侵蚀模数 [吨 /（公顷·年）]；

　　　A——林分面积（公顷）；

　　　ρ——土壤平均容重（吨 / 立方米）；

　　　$C_库$——水库工程费用（元 / 立方米）。

有林地与无林地的土壤侵蚀模数差值取 316.86 吨 /（公顷·年），土壤平均容重为 1.3 吨 / 立方米。经计算，2011 年黄山市城市森林年固土价值约 11.31 亿元；2020 年的固土价值为 11.54 亿元。

（2）森林年保肥价值。

年减少土壤侵蚀量中 N、P、K 的数量换算成化肥价值即为林分年保肥价值。森林保肥价值采用侵蚀土壤中的 N、P、K 物质折合成磷酸二铵和氯化钾的价值来体现。公式为：

$$U_{肥} = A(X_2 - X_1)\left(\frac{NC_1}{R_1} + \frac{PC_1}{R_2} + \frac{KC_2}{R_3} + MC_3\right)$$

式中：$U_{肥}$——林分年保肥价值（元 / 年）；

　　　X_1，X_2，A——同上；

　　　N——森林土壤平均含氮量（%）；

　　　P——森林土壤平均含磷量（%）；

　　　K——森林土壤平均含钾量（%）；

　　　M——森林土壤有机质含量（%）；

　　　R_1——磷酸二铵化肥含氮量（%），即 14%；

　　　R_2——磷酸二铵化肥含磷量（%），即 15.01%；

　　　R_3——氯化钾化肥含钾量（%），即 50%；

　　　C_1——磷酸二铵化肥价格（元 / 吨），市场价为 2400 元 / 吨；

　　　C_2——氯化钾化肥价格（元 / 吨），市场价为 2200 元 / 吨；

　　　C_3——有机质价格（元 / 吨），市场价为 320 元 / 吨。

黄山市森林面积 75.91 万公顷，经过计算，2011 年可减少流失的土壤氮肥 31.51 万吨，磷肥 4.50 万吨，钾肥 27.42 万吨，有机质 521.94 万吨，则黄山市森林保肥作用产生的效益为 89.62 亿元；2020 年保肥价值为 91.46 亿元。

两者相加，2011 年黄山市森林发挥水土保持作用产生的效益为 100.93 亿元；2020 年水土保持价值为 103 亿元。

6. 保护生物多样性功能价值评估

（1）遗传信息的功能价值评估。采用康斯坦萨等人的评价系数，对九江市城市森林的遗传信息价值给予估算。按照康斯坦萨等人的研究结果，单位面积森林每年提供的基因价值为 41 美元 / 公顷，按现今美元对人民币平均汇率 1 : 6.13 计算，黄山市森林面积为 75.91 万公顷，则估算 2011 年黄山市城市的遗传信息价值约为：$75.91 \times 10^4 \times 41 \times 6.13 = 1.91$（亿元）

（2）生物栖息地价值评估。现有资料表明，森林采伐造成的游憩及生物多样性的价值损失达 400 美元 / 公顷，全球社会对保护森林资源的支付意愿为 112 美元 / 公顷。按现今美元对人民币平均汇率 1 : 6.13 计算，黄山市森林面积为 75.91 万公顷，则估算黄山市城市森林生物栖息地价值约为：

$$75.91 \times 10^4 \times （400 + 112）\times 6.13 = 25.73 （亿元）$$

加总以上两项价值，计算得到 2011 年黄山市城市森林生态系统保护生物多样性功能总价值为 27.64 亿元。2020 年黄山市的森林面积将达到 77.47 万公顷，同样的公式推算生态系统保护生物多样性功能总价值为 28.21 亿元。

7. 森林游憩价值评估

2011 年，黄山市建立国家级和省级各类自然保护区 18 个，拥有祁门县牯牛降、歙县清凉峰等国家级自然保护区 2 处，岭南、十里山、查湾、天湖、五溪山、九龙峰、六股尖等省级自然保护区 7 处，黄山、齐云山、花山 — 渐江等国家重点风景名胜区 3 处，黄山、齐云山、徽州等国家森林公园 3 处，五溪山、木坑竹海等省级森林公园 2 处，太平湖国家湿地公园 1 处，县级自然保护区 61 处，保护总面积达 205 万亩，占市国土总面积 98.07 万公顷的 13.94%，2011 年，全市森林旅游接待 1585 万人次，森林生态旅游业收入达 31.89 亿元。按此趋势预测，到 2020 年预计可实现森林旅游收入 55 亿。

另外，黄山市域内的众多生态游憩场所是黄山市民日常休闲、锻炼、游憩的主要生活空间，此处城市森林具有更为重要的功能价值。若按黄山市市民每人每年入园 60 次，按每人每次所享受的休闲游憩和绿色保健价值为 10 元计算的话（149.52 万人口），那么 2011 年黄山市可供市民日常休闲游憩的城市森林所创造的价值将达 8.97 亿元，2020 年将达到 9.54 亿元。

二者加和得到，2011 年黄山市森林游憩年均价值为 40.86 亿元；至 2020 年，森林游憩价值将达到 64.54 亿元（表 9-8）。

表 9-8　黄山市 2011~2020 年森林生态服务功能价值统计　　　　单位：亿元

生态服务功能	2011 年	2020 年	生态服务功能	2011 年	2020 年
净化大气环境	29.76	32.12	水土保持	100.93	103
调节气候	286.31	292.19	保护生物多样性	27.64	28.21
固碳释氧	104.49	106.66	森林游憩	40.86	64.54
涵养水源	42.28	43.15	总计	632.27	669.87

（二）经济服务功能价值评估

1. 活立木价值

黄山市的优势树种主要为杉、松、毛竹、硬阔类、软阔类、混交类等，估算黄山市森林生态系统活立木的总价值。2011 年黄山市森林生态系统活立木的总生产价值 1.65 亿元（表 9-9）。2020 年黄山市活立木将增加至 3650 万立方米，森林面积将达到 77.47 万公顷，由此推出活立木的总生产价值为 1.735 亿元。

表 9-9　2011 年黄山市城市森林活立木价值

林型	面积（公顷）	单位面积活立木生产价值 ［元 /（年·公顷）］	各林型木材生产价值 （万元 / 年）
松类	150864.4	221	3334.1
竹林	60618.6	265.2	1607.62
杉类	220746.3	195.3	4311.2
硬阔类	207266.2	316.56	6561.2
软阔类	27385.6	265.72	727.7
价值合计			16541.8

2. 促进产业发展功能价值

关于城市森林促进旅游业等城市相关产业（包括林业产业）的发展，其效益价值可采用调整系数法，采用森林资源开发利用及发展林业所引起的相关部门产业结构变化的系数与各相关产业部门的纯收入（除去一切成本开支）进行换算。

调整系数法的计算公式为：

$$U = \sum_{i=1}^{m} A_i \cdot H_i$$

式中：U——城市森林促进产业发展的功能价值（元 / 年）；

　　　m——相关产业部门数量（个）；

　　　A_i——第 i 个产业部门的纯收入（元 / 年）；

　　　H_i——第 i 个产业部门结构调整系数。

采用调整系数法，主要评估直接促进林业产业发展的功能价值，以黄山市林业产值作为其评估值，即结构调整系数为 1。根据黄山市林业产值项目一览表，2011 年黄山市实现林业产值 111.68 亿元，以此估算黄山市城市森林促进产业发展的功能价值为 111.68 亿元。预计到 2020 年，黄山市将实现林业产值 300 亿元，以此估算黄山市城市森林促进产业发展的功能价值为 300 亿元。

加总后估算 2011 年黄山市城市森林经济服务功能价值为 111.33 亿元，推算 2020 年森林经济服务功能价值为 301.73 亿元。

（三）社会服务功能

1. 增加就业功能

现代林业建设实施过程需要大量的人力、物力，可以为当地居民和外来人员提供许多直接就业机会，如生态敏感区绿色质量提升工程、木材加工利用产业基地建设工程、特色高效林产经济建设工程在一定程度上缓解农村劳动力的出路问题。此外，项目的实施，也会拉动种苗、花卉、交通运输等行业的发展，间接提供就业机会，促进社会更加稳定、和谐。

2. 森林文化功能

城市森林具有文化教育功能，城市森林建设促进地域文化与生态文化的融合。黄山市历史文化厚重、人文景观独特，是自然风光秀丽的中国优秀旅游城市，也是一座林水相映的绿色宜居城市。通过实施生态休闲旅游建设工程、皖南生态文化展示系统建设工程、自然生态文化综合基地建设工程、徽州人居生态文化示范建设工程，有助于提高黄山生态文化价值，拓展其内涵，增添其魅力。森林对陶冶人的情操，舒缓心理压力，激发创作灵感和寄托精神情感具有明显的功能价值，同时对青少年具有重要的科普教育价值。

3. 改善投资环境

优美的环境可以提高区域知名度和社会影响力以及城市的竞争力，推动区域建设发展。黄山市城市森林工程完成后，将为黄山构筑一道功能完善的生态屏障，使黄山城市形象进一步彰显，软实力进一步增强，城市品位得到进一步提升，城市知名度进一步扩大，生态文明进一步提高，使宜居宜业的城乡一体生态环境成为黄山市一张靓丽的名片。同时，城市森林是城市有生命的基础设施，各项工程的实施可有效地改善本市的投资硬件，从而有利于扩大对外开放，促进国际国内的经济、技术合作，为更多更好地引进资金、人才、技术服务，最终促进黄山经济社会快速发展。

第十章　森林城市建设保障措施

黄山市委、市政府把森林城市建设作为增强城市综合竞争力，提高城市宜居水平的重要举措，建设已初具成效。为进一步落实好森林城市建设规划，稳步推进各项建设，需要在体制、制度、机制、政策等方面提供有力支撑。

一、加强组织领导，落实发展责任

在森林城市建设领导小组的统一部署下，按照《国家森林城市》评价指标体系的要求，将森林城市建设纳入经济社会发展总体规划，科学规划实施各项工程。要建立林业与发改委、旅委、规划、建设、园林、交通、水利、环保、房产等有关部门之间，以及有关部门与区县之间的协同配合机制，减少部门之间、城乡之间在绿化过程中的矛盾和不协调现象，细化分解建设任务，明确相应主责机构，整合资源，形成合力，做到组织领导到位、工作部署到位、责任落实到位、政策资金到位，努力形成"高位推动、部门联动、市县互动、全民行动"的工作格局。同时，要将森林覆盖率、湿地保护、建成区人均公共绿地面积等指标纳入各级政府行政首长任期考核内容。

二、加大财政投入，创新激励政策

进一步解放思想，搞活森林城市投融资机制，以政府投入为导向，发挥政策杠杆作用，吸引和鼓励各类社会资本投资森林城市建设，形成多元化的森林城市投入格局。一是加大公共财政对森林城市建设的资金投入。城市林业既是以发挥生态效益为主的公益性很强的事业，也是直接涉及广大居民切身利益的基础产业。要多渠道筹集资金，加大对森林城市建设的财政和金融支持，把公益林建设、管理和主要的基础设施建设投资，纳入各级政府的公共财政预算体系，按照事权划分原则，建立公益性绿化以政府投入为主，商品林以社会投入为主的长效稳定投资机制。二是制定开发鼓励政策，放手发展非公有制林业。进一步整合现有土地资源，制定更加优惠的鼓励开发政策，吸引有一定经济实力的企业和业主投资黄山城市林业建设，要把城市林业发展的投资者和森林资源的受益者合二为一。鼓励企业投资建设有一定规模的林业产业园、生态观光园、生态文化创意园，通过对园区内农民集中安置，置换土地部分收益用于绿化建设和惠民产业发展建设。

三、严格规划建绿，保障发展空间

将《黄山市森林城市建设总体规划》纳入土地利用总体规划。同时，对生态敏感程度较高地区从规划角度划定"绿线"。城市重要水源地、大型水库、高速公路、重化工区、不宜种植食用农产品地及城市规划区的城郊结合部应明确为水源涵养林、水土保持林、生态风景林和非食品经济林等用地类型，按照不同林带的标准划定"绿线""蓝线"，保护现有森林、湿地资源。"绿线"范围内的现有绿地不得征用占用，不得用于一般工程建设，并通过市人民政府或人大常委会以政府规章或地方法规的形式给予确认，保障林业用地和整个城市生态系统的稳定性。对已建的重点区域的绿化用地（特别是高速公路绿带）采用不同办法一次性解决土地使用权。

四、推进生态补偿，惠益林区林农

在现有国家生态效益补偿基金基础上，探索建立多元的环境资源有偿使用制度和生态环境补偿机制，特别是加强对生态区位重要和贡献较大地区的生态补偿力度。生态补偿按照"使用者付费、受益者补偿"的原则，综合运用行政和市场手段，调整生态环境保护和建设相关各方之间利益关系的环境经济政策，探索用经济手段来逐步调节上下游之间、自然保护区内外之间的利益平衡，推行生态受益地区、受益者向生态保护区、流域上游地区和生态项目建设者提供经济补偿制度。

五、加强资源管理，夯实发展基础

加强城乡绿化资源管理，加强对森林、湿地、古树名木和生物多样性的保护力度。健全完善地方性城乡绿化法规体系，以行政规范性文件审核备案为抓手，规范文件制定和行政决策程序，健全重大行政决策规则；以深化行政审批制度改革为动力，认真执行行政许可法，进一步规范和减少行政审批，推进政府职能转变和管理方式创新；以执法人员持证上岗和资格管理制度为重点契机，加强行政执法队伍建设，全面提高执法人员素质；以完善行政执法体制和机制目标，规范行政执法行为，加大行政执法力度，严厉查处滥砍乱伐、滥捕乱猎、滥采乱挖、滥垦乱占等破坏资源和环境的违法案件。

六、倡导全民参与，推进增汇实践

深入推进林业碳汇行动，把林业碳汇作为义务植树的重要尽责形式，加大宣传力度，普及碳汇知识，鼓励引导党政机关、能耗企业和广大市民参与积累碳汇、减少碳排放为主的植树造林和其他公益活动，推动身边增绿，推进民间增汇减排实践，努力形成政府倡导、广泛宣传、社会参与、自觉自愿的良性发展机制，推进黄山碳汇林业的快速发展。同时，通过开展"绿色家园""花园式单位"等创建活动，引导和激励部队、社会团体、广大群众和国际友好人士广泛参与植树造林，培养和提高市民的生态意识，以多种形式提高市民义务植树的尽责率和参与面。

参考文献
REFERENCE

1. 胡锦涛.坚定不移沿着中国特色社会主义道路前进为全面建成小康社会而奋斗——在中国共产党第十八次全国代表大会上的报告.北京：人民出版社，2012.

2. 江泽慧等.中国可持续发展林业战略研究总论.北京：中国林业出版社，2003.

3. 江泽慧，彭镇华等.中国现代林业.北京：中国林业出版社，2000.

4. 江泽慧.论林业在可持续发展中的战略地位.林业经济，1996，(6）.

5. 彭镇华，江泽慧.中国森林生态网络系统工程.应用生态学报，1999.

6. 彭镇华.城市林业发展趋势与合肥市经济林建设.安徽农学院学报，1992,(3).

7. 彭镇华.上海现代城市森林发展.北京：中国林业出版社,2003.

8. 彭镇华.林业持续发展与大流域整治开发.光明日报，1995,11~15.

9. 彭镇华，江泽慧.长江中下游低丘滩地综合治理与开发研究.北京：中国林业出版社，1996.

10. 张齐生.中国竹材工业化利用.北京：中国林业出版社，1995.

11. 蒋有绪.城市林业发展局势与特点.世界科技研究与发展，2002.

12. 黄枢，沈国舫.中国造林技术.北京：中国林业出版社，1993.

13. 李育才.退耕还林技术模式.北京：中国林业出版社,2005.

14. 李育才.面向二十一世纪的林业发展道路.北京：中国林业出版社，1996.

15. 宋永昌等.生态城市的指标体系与评价方法.城市环境与城市生态，1999.

16. 陆文明.国际森林问题的背景及其发展.中国林业，1999,34~35.

17. 国家林业局.中国湿地保护计划.北京：中国林业出版社,2005.

18. 中国可持续发展林业战略研究项目组.中国可持续发展林业战略研究.北京：中国林业出版社，2003.

19. 安徽植被协作组.安徽植被.合肥：安徽科学技术出版社，1983.

20. 吴豪.长江流域可持续发展战略研究.沿海经济，2001,10.

21. 宋豫秦.淮河流域可持续发展战略初论.北京：化学工业出版社，2003,5.

22. 吴中伦.中国森林.北京：中国林业出版社，2000.

23. 《安徽森林》编辑委员会.安徽森林.合肥：安徽科学技术出版社,1990.

24. 国家林业局.全国林业生态建设与治理模式.北京：中国林业出版社,2003.

25. 程鹏.现代林业生态工程建设理论与实践.合肥：安徽科学技术出版社,2003.

26. 程鹏，马永春.林业产业经济结构调整重点的探讨.林业科技开发，2002.

27. 马永春.安徽省造林经营工作改革与发展对策调研与思考.林业经济，2000,(4)：63~69.

28. 李宏开，徐小牛.安徽大别山南坡三栖资源及其开发利用.生态学研究，1993，(9).

29. 虞孝感. 长江流域可持续发展研究. 北京：科学出版社，2003.

30. 安徽省地方志编纂委员会. 安徽省志林业志. 合肥：安徽人民出版社，2012.

31. 安徽气象局. 安徽气候. 合肥：安徽科学技术出版社，1983.

32. 沈祖安等. 安徽植被. 合肥：安徽科学技术出版社，1983.

33. 何兴元，宁祝华. 城市森林生态研究进展. 北京：中国林业出版社，2002.

34. 安徽省生物多样性保护战略研究课题组. 安徽省生物多样性保护战略研究. 北京：科学技术出版社，2002.

35. 黄庆丰，吴泽民. 安徽怀宁新城森林生态网络体系建设. 中国城市林业，2003,(1)：22~25.

36. 黄荣来. 安徽主要经济林木栽培与管理. 合肥：安徽科学技术出版社，1999.

37. 安徽省统计局. 安徽统计年鉴. 北京：中国统计出版社，2003.

38. 安徽经济植物志增修编写办公室，安徽省人民政府经济文化研究中心. 安徽经济植物志. 合肥：安徽科技出版社，1990.

39. 徽州地区林业志编委员会. 徽州地区林业志. 合肥：黄山书社，1991.

40. 中国树木志编委会. 中国主要树种造林技术. 北京：中国林业出版社，1981,949~955.

41. 安徽省统计局. 安徽省统计年鉴. 北京：中国统计出版社,2012.

42. 安徽气象局. 灾害性天气分析与预报. 合肥：安徽科技出版社，1988.

43. 彭镇华，张旭东. 徽商兴起繁荣与文化发展进步. 安徽农业大学学报，2002,29(1)：1~8.

附件一 在《黄山市森林城市建设总体规划》评审会上的致辞

（2013 年 8 月 12 日）

黄山市人民政府副市长 吴文达

尊敬的各位领导、各位专家，同志们：

上午好！

今天，我们盼望已久的《黄山市森林城市建设总体规划》评审会议在黄山召开。国家林业局宣传办、中国林业科学研究院、安徽省林业厅的各位领导，以及福建农林大学、南京林业大学、安徽农业大学的各位领导、专家莅临黄山检查指导工作，是对黄山创建国家森林城市工作的极大鼓舞和促进，也是对黄山林业事业的关心和厚爱。在此，我代表黄山市委、市政府，对各位领导和专家的到来，表示热烈的欢迎！对各位领导和专家长期以来给予黄山的关心、支持和指导表示衷心的感谢！

黄山市位于安徽省南部，辖三区（屯溪区、黄山区、徽州区）、四县（歙县、休宁县、黟县、祁门县）和黄山风景区，总面积 9807 平方公里，人口 148 万，是举世闻名的旅游胜地，同时也是安徽省重点林区。黄山市坐落在神秘的北纬 30 度线上，属亚热带季风湿润气候，境内山峦相叠，四季分明，雨量充沛，生态一流。全市森林覆盖率达 77.4%，是全国平均水平的 3.8 倍；人均水资源占有量达 6600 立方米，是全国平均水平的 3 倍；境内地表水功能区划达标率达 100%，大气环境质量优良率达 100%，黄山风景区空气负氧离子浓度稳定在每立方厘米 20000 个以上，为名副其实的"天然氧吧"。全市林地面积 1207 万亩，占市域总面积的 83.1%；其中生态公益林 533 万亩，商品林面积 674 万亩；有国家级和省级自然保护区 9 处，国家级和省级森林公园 5 处，太平湖国家湿地公园 1 处，有植物 3000 多种，其中属国家重点保护的 33 种；野生动物 490 多种，其中属国家保护的珍稀动物 28 种，是全国生物多样性最为丰富的地区之一。

近年来，黄山市认真贯彻落实科学发展观，坚持"生态立市，绿色发展"战略，开展"还绿、保绿、强绿、存绿、驻绿、增绿"六大行动，扎实推进千万亩森林增长工程，全面掀起绿色质量提升高潮。2012 年市委、市政府成立了以市委书记为政委、市长为指挥长的创建国家森林城市指挥部及办公室，精心组织，强化责任，大力推进森林生态体系、森林产业体系、森林文化体系和森林城镇体系建设，通过省林业厅向国家林业局提出了创建国家森林城市的申请。根据《国家森林城市申报与考核办法》《国家森林城市评价指标》有关规定，委托中国林业科学研究院组织了《黄山市森林城市建设总体规划》编制工作，同时制定下发了创建工作方案，召开了推进会，对创建工作进行了动员和部署，向各区县和市直相关部门安排了创建任务。

国家森林城市是反映城市生态整体水平和文明程度的最高荣誉，也是衡量城市综合竞争实力的重要标志。黄山市创建国家森林城市，最根本的目的就是要"让森林走进城市，让城市拥抱森林"，打造"城在林中、林在城中，满城山水满城绿"的精品城市，把城市建设成为全体市民共同的美好幸福家园，**主要任务是：**按照《黄山市森林城市建设总体规划》，着力构建以"一核一环、二轴二区、十园百峪千点"为骨架的城乡一体的生态民生森林布局框架体系；**重点项目是：**城区绿色福利空间建设工程、美丽村镇建设工程、生态敏感区绿色质量提升工程、高标准生物防护隔离林带建设工程、生态休闲旅游建设工程、木竹加工利用产业基地建设工程、特色高效林产经济建设工程、皖南生态文化展示系统建设工程、自然生态文综合基地建设工程和徽州人居生态文化示范建设工程；**主要目标是：**用两年左右时间把全市建设成为国家森林城市，到 2020 年初步建成完备的森林生态体系、繁荣的生态文化体系和发达的生态产业体系，实现城中林荫气爽、村庄绿树相映、山区鸟语花香、河流水清鱼跃，把黄山打造成为宜居宜业宜游的模范森林城市。

长期以来，黄山市始终坚持以生态建设和环境保护为核心，创建国家森林城市有着良好的基础，多数指标达到或基本达到《国家森林城市评价指标》要求。我们恳切希望各位领导、专家在评审过程中，多提宝贵意见，对黄山市创建国家森林城市工作多做帮助指导。我们也将以这次评审为契机，虚心接受各位领导、专家的指导，不断改进我们的工作，力争使黄山市创建工作稳步快速推进。

下一步，我们将进一步按照"加强领导抓责任，创新机制抓保障，部门协作聚合力，强化督查重落实"的工作要求，把经过评审的《黄山森林城市建设总体规划》中的各项任务再次以文件和责任书的形式分解到各区县和市直各相关部门，以"森林护城、森林进城、森林兴城"为方向，以构建完备的森林生态体系、发达的森林产业体系、繁荣的森林文化体系、稳固的森林支撑体系，彰显黄山城市特色为重点，努力打造城区园林化、城郊森林化、通道林荫化、乡村林果化的城乡一体化绿化新格局，形成布局合理、生物多样、景观优美、特色鲜明、功能完善的黄山城市新形象。

最后，预祝评审会取得圆满成功，祝各位领导、各位专家在黄山期间生活愉快，身体健康！

谢谢大家！

附件二 《黄山市森林城市建设
总体规划》编制委员会名单

一、编制委员会领导小组

组　长：任泽锋（市委副书记、市政府市长）

副组长：张　永（市委副书记）

　　　　吴文达（市政府副市长）

成　员：吴　江（市政府副秘书长）

　　　　汪　欣（市林业局局长）

　　　　汪义生（市发改委主任）

　　　　汪跃平（市住建委主任）

　　　　刘英旺（市旅委主任）

　　　　万国庆（市城乡规划局局长）

　　　　徐玉宝（市国土资源局局长）

　　　　周寿华（市环保局局长）

　　　　孔繁良（市水利局局长）

　　　　程亚东（市交通运输局局长）

　　　　曹　晟（市园林管理局局长）

二、编制委员会项目组

组　长：彭镇华　中国林业科学研究院首席科学家、教授、博导

　　　　王　成　国家林业局城市森林研究中心研究员、博导

成　员：郗光发　国家林业局城市森林研究中心博士、副研究员

　　　　贾宝全　国家林业局城市森林研究中心博士、研究员

　　　　邱尔发　国家林业局城市森林研究中心博士、副研究员

　　　　蔡　群　黄山市林业调查规划设计院工程师

　　　　姚　佳　国家林业局城市森林研究中心博士

张　昶　国家林业局城市森林研究中心博士
张　依　国家林业局城市森林研究中心硕士
金　晶　国家林业局城市森林研究中心硕士
王晓磊　国家林业局城市森林研究中心博士
贾雨龙　国家林业局城市森林研究中心硕士
宋益昊　国家林业局城市森林研究中心硕士
韩玉丽　国家林业局城市森林研究中心硕士
孙朝晖　国家林业局城市森林研究中心工程师

附件三　《黄山市森林城市建设 总体规划》专家评审意见

　　2013 年 8 月 12 日，黄山市人民政府邀请国家林业局、中国林业科学研究院、南京林业大学、福建农林大学、安徽省林业厅、安徽农业大学的专家组成评审委员会，对《黄山市森林城市建设总体规划》（以下简称《规划》）项目进行了评审。评审委员会听取了项目组汇报，审议了《规划》文本，查阅了相关资料，经认真讨论，形成评审意见如下：

　　一、《规划》深入贯彻党的十八大精神，以建设生态文明和美丽中国为统领，通过实地考察、问卷调查和收集相关资料，运用景观生态学、城市生态学、生态足迹、植被指数、热场理论和 3S 技术，全面深入分析了黄山市生态环境特点、生态文化需求、城市森林建设现状和发展潜力，规划依据科学充分。

　　二、《规划》提出的"水墨徽州、梦境黄山"的愿景，紧扣我国城市生态文明发展方向，突出了黄山森林城市建设特色；提出的"一核一环、二轴二区、十园百峪千点"的森林城市建设格局，为黄山市未来城市生态系统和生态文明建设提供了科学依据，符合黄山市建设现代国际旅游城市的总体需求。

　　三、《规划》提出的黄山市城市森林建设发展指标，系统全面，量化科学；规划的生态、产业和文化等十大工程建设内容，设置科学、重点突出、目标明确、投资估算合理，提出的保障措施具有很强的针对性和可操作性。

　　评审委员会一致同意通过该《规划》，并建议根据专家意见修改完善后按程序审批实施。

评审委员会主任：

2013 年 8 月 12 日

附件四 《黄山市森林城市建设
总体规划》评审专家

姓 名	单 位	职务、职称	签 名
程 红	国家林业局	宣传办主任、新闻发言人	
叶 智	中国林科院	分党组书记、副院长	
薛建辉	南京林业大学	副校长、教授、博士生导师	
兰思仁	福建农林大学	校长、教授、博士生导师	
程 鹏	安徽省林业厅	正厅巡视员、高级工程师	
吴泽民	安徽农业大学	教授、博士生导师	
杨开良	国家林业局调查规划院	处长、教授级高工	

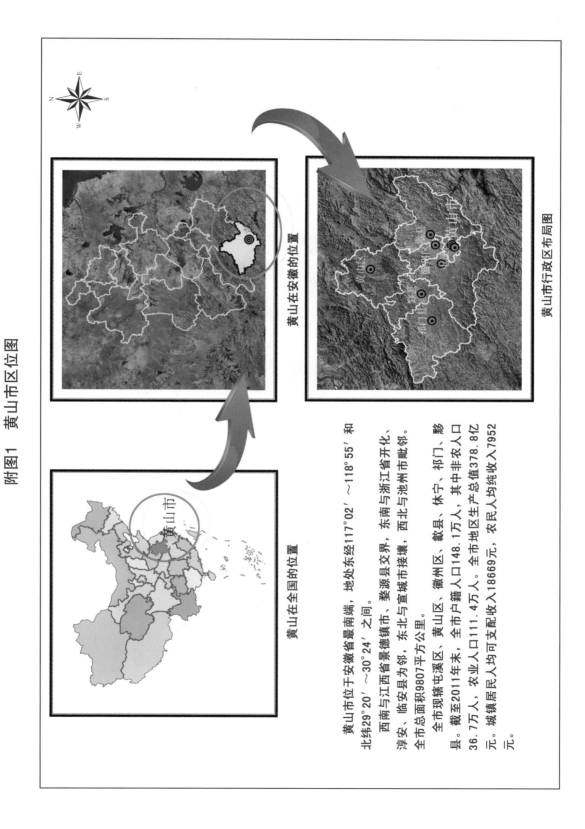

附图1　黄山市区位图

黄山在全国的位置

黄山在安徽的位置

黄山市行政区布局图

黄山市位于安徽省最南端，地处东经117°02′～118°55′和北纬29°20′～30°24′之间。

西南与江西省景德镇市、婺源县交界，东南与浙江省开化、淳安、临安县为邻，东北与宣城市接壤，西北与池州市毗邻。全市总面积9807平方公里。

全市现辖屯溪区、黄山区、徽州区、歙县、休宁、祁门、黟县。截至2011年末，全市户籍人口148.1万人，其中非农业人口36.7万人，农业人口111.4万人。全市地区生产总值378.8亿元。城镇居民人均可支配收入18669元，农民人均纯收入7952元。

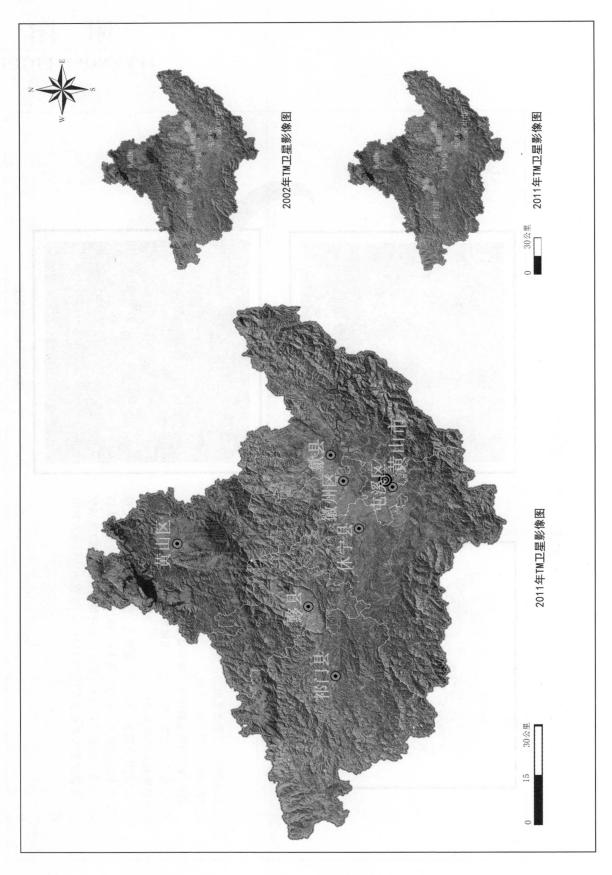

附图2 黄山市卫星影像图

附图3 黄山市森林资源分布图

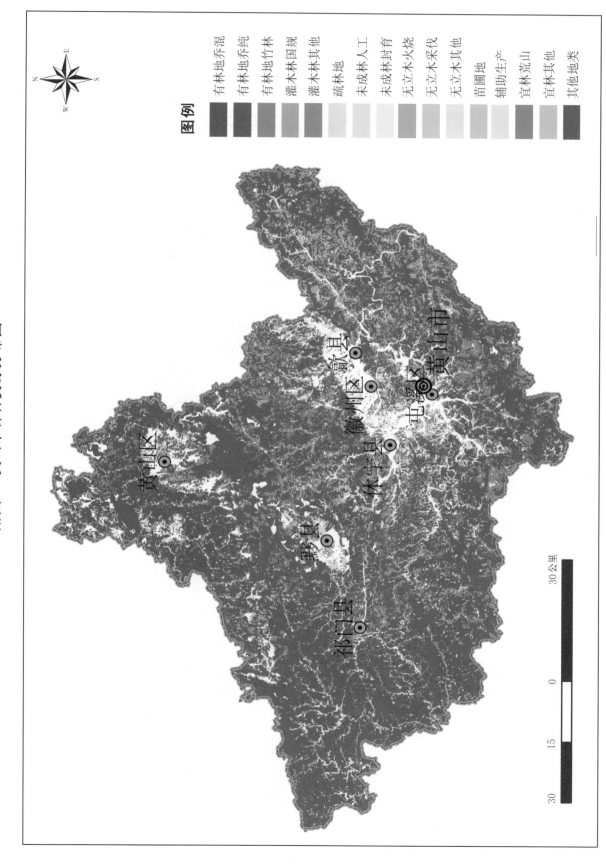

图例

有林地乔混
有林地乔纯
有林地竹林
灌木林国规
灌木林其他
疏林地
未成林人工
未成林封育
无立木火烧
无立木采伐
无立木其他
苗圃地
辅助生产
宜林荒山
宜林其他
其他地类

附图4　黄山市优势树种分布图

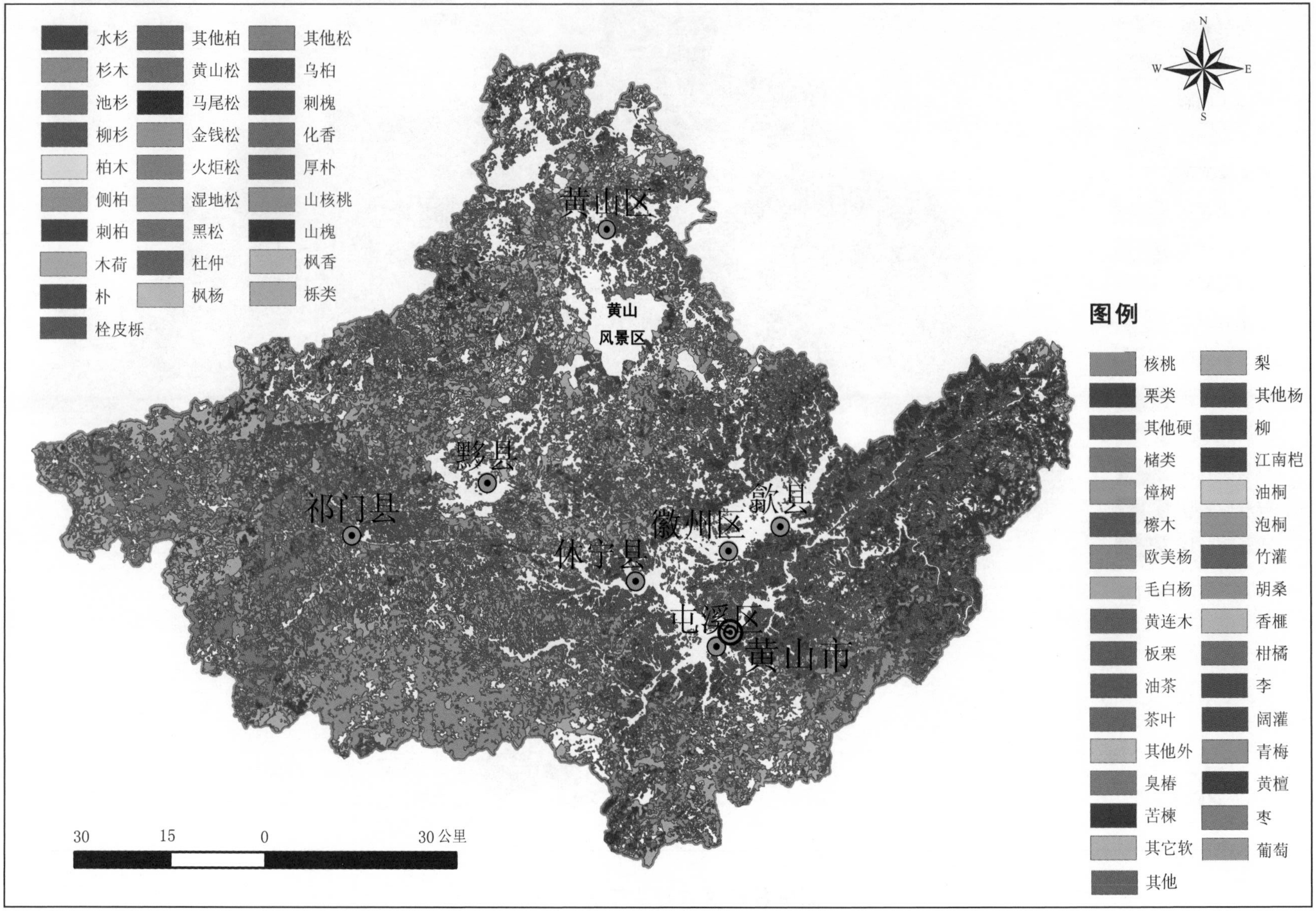

图例

附图5 黄山市DEM与植被类型图

黄山市地形地貌类型多种多样，以中、低山地和丘陵为主。山体海拔高度一般在400~500米，山地面积5000平方公里，占总面积的51%；丘陵面积3540平方公里，占总面积的36.1%；谷地、盆地面积1267平方公里，占总面积的22.9%。

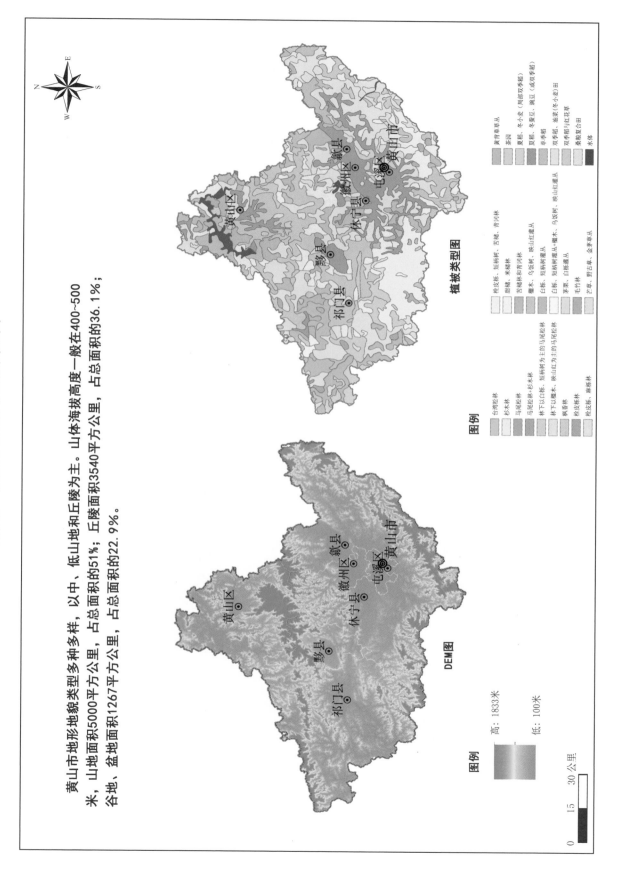

植被类型图

图例

台湾松林
杉木林
马尾松林
马尾松林-杉木林
林下以白栎、短柄枹树为主的马尾松林
林下以檀木、映山红为主的马尾松林
枫香林
栓皮栎林
栓皮栎-麻栎林

栓皮栎、短柄枹、苦槠、青冈林
甜槠林
苦槠林和青冈林
槠木、乌饭树、映山红灌丛
白栎、短柄枹灌丛
白栎、短柄枹灌丛-檀木、乌饭树、映山红灌丛
茅栗、白檀灌丛
毛竹林
芒草、野古草、金茅草丛

黄背草丛
茶园
夏稻、冬小麦（局部双季稻）
夏稻、冬蚕豆、蔬豆（或双季稻）
单季稻
双季稻、油菜/冬小麦田
双季稻与红花田
茶稻复合田
水体

DEM图

图例

高：1833米
低：100米

0　15　30公里

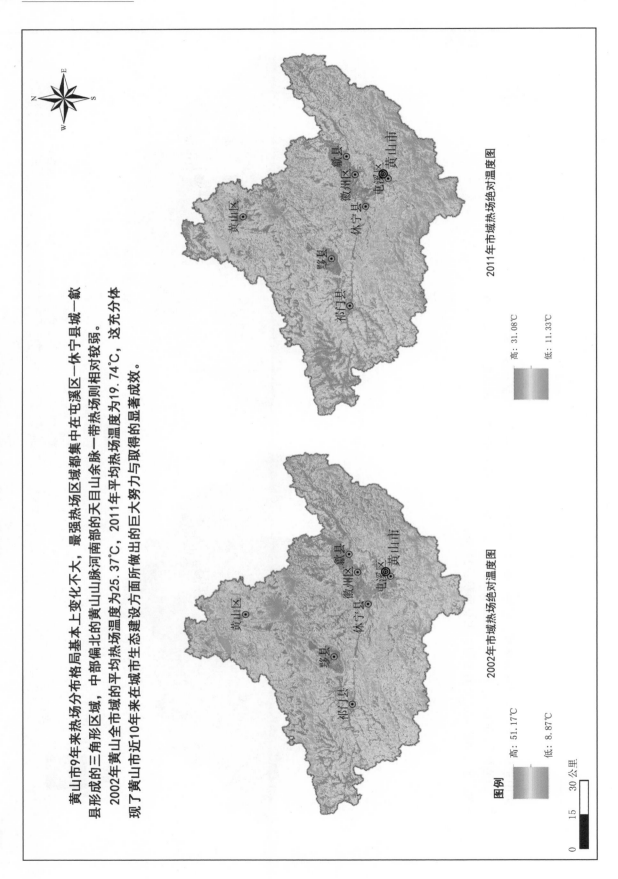

附图6 黄山市域热场绝对温度图

附图7 黄山市域相对亮温图

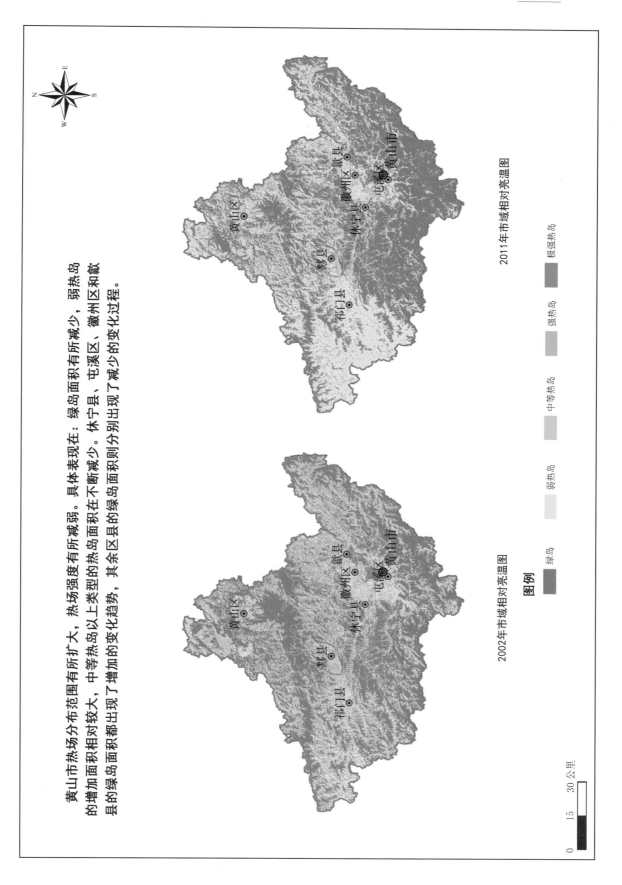

黄山市热场分布范围有所扩大，热场强度有所减弱。具体表现在：绿岛面积有所减少，弱热岛的增加面积相对较大，中等热岛以上类型的热岛面积在不断减少。休宁县、屯溪区、徽州区和歙县的绿岛面积都出现了增加的变化趋势，其余区县的绿岛面积则分别出现了减少的变化过程。

2002年市域相对亮温图

2011年市域相对亮温图

图例

| 绿岛 | 弱热岛 | 中等热岛 | 温热岛 | 极温热岛 |

0 15 30 公里

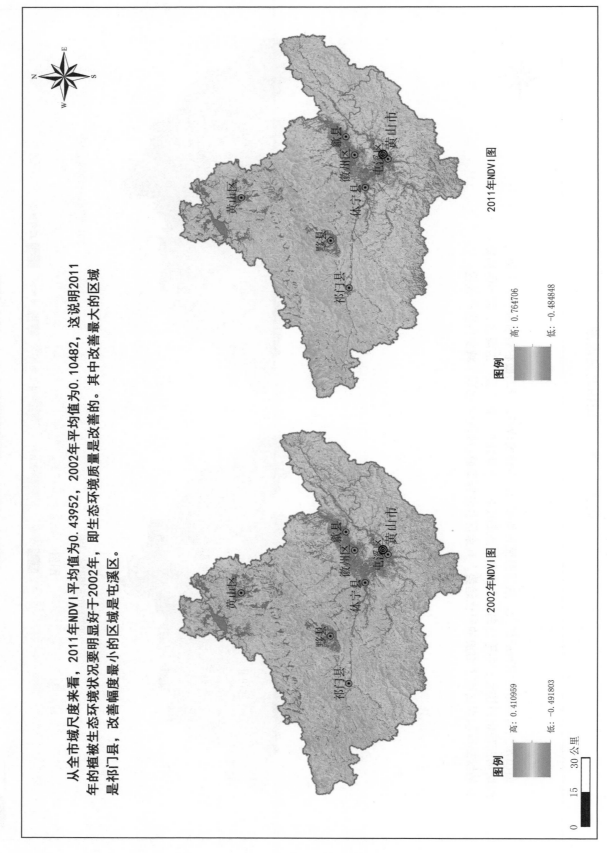

附图8 黄山市域植被指数（NDVI）分布图

从全市域尺度来看，2011年NDVI平均值为0.43952，2002年平均值为0.10482，这说明2011年的植被生态环境状况要明显好于2002年，即生态环境质量是改善的。其中改善最大的区域是祁门县，改善幅度最小的区域是屯溪区。

附图9 黄山市域植被盖盖分级图

黄山市域植被盖盖度分级，总体上朝着低覆盖度和中覆盖度范围缩小而中高、高覆盖度面积范围不断扩大的方向演化。其中高覆盖度植被盖度增加幅度最大的区域为黄山区与黟县，增幅最小的为屯溪区与休宁县。

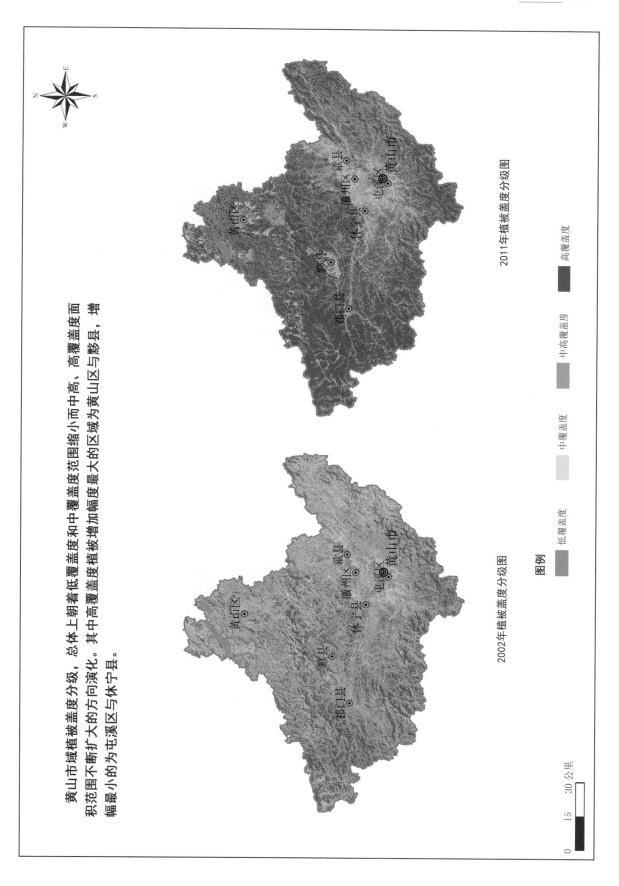

2002年植盖度分级图

2011年植被盖度分级图

图例

低覆盖度　中覆盖度　中高覆盖度　高覆盖度

0　15　30公里

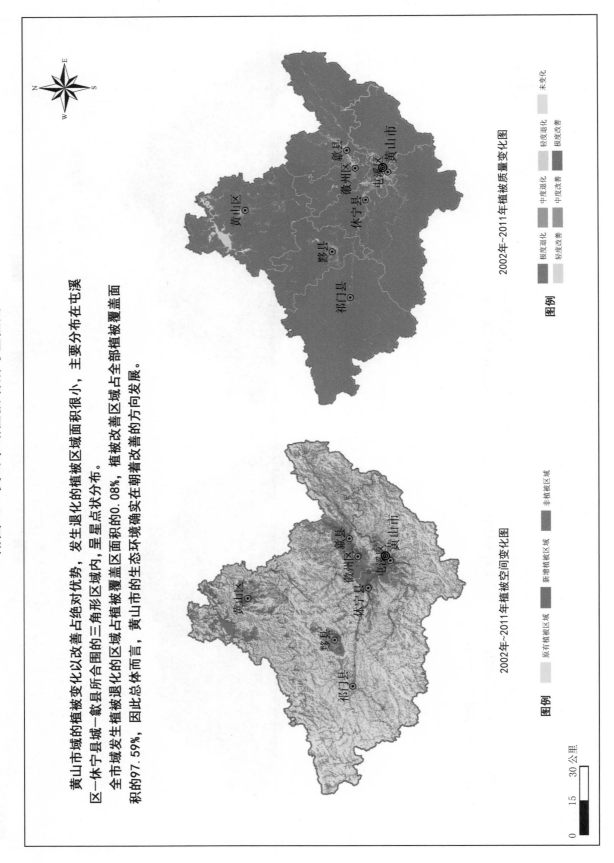

附图10 黄山市域植被增减与差值图

黄山市域的植被变化以改善占绝对优势，发生退化的植被区域面积很小，主要分布在屯溪区—休宁县城—歙县所合围的三角形区域内，呈星星点点状分布。

全市域发生植被退化的区域占植被覆盖区面积的0.08%，植被改善区域占全部植被覆盖面积的97.59%，因此总体而言，黄山市的生态环境确实在朝着改善的方向发展。

附图11 森林城市建设总体布局示意图

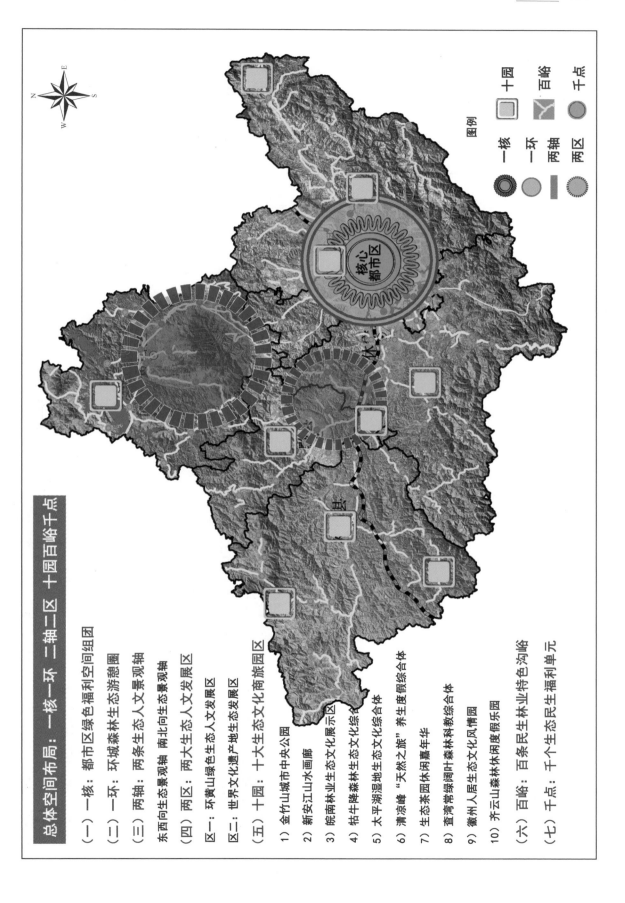

总体空间布局：一核一环 二轴二区 十园百峪千点

（一）一核：都市区绿色福利空间组团

（二）一环：环城森林生态游憩圈

（三）两轴：两条生态人文景观轴

东西向生态景观轴 南北向生态景观轴

（四）两区：两大生态人文发展区

区一：环黄山绿色生态人文发展区

区二：世界文化遗产地生态发展区

（五）十园：十大生态文化商旅园区

1）金竹山城市中央公园

2）新安江山水画廊

3）皖南林业生态文化展示区

4）牯牛降森林生态文化综合体

5）太平湖湿地生态文化综合体

6）清凉峰"天然之旅"养生度假综合体

7）生态茶园休闲嘉年华

8）查湾常绿阔叶森林科教综合体

9）徽州人居生态文化风情园

10）齐云山森林休闲度假乐园

（六）百峪：百条民生林业特色沟峪

（七）千点：千个生态民生福利单元

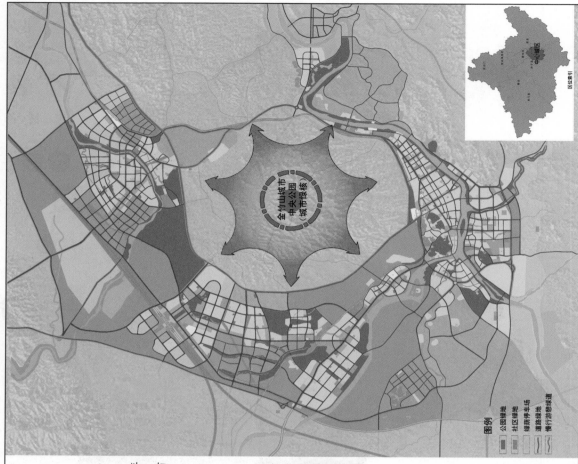

图例
公园绿地
社区绿地
绿荫停车场
道路绿地
慢行游憩绿道

附图12 主城区绿色福利空间建设

建设目标

2012~2015年，新增和提升改造公园绿地250.23公顷，人均公园绿地达到16平方米。

2016~2020年，新建道路绿地、社区单位绿地和慢行绿道，再增加各类公园面积248.72公顷，使人均公园绿地面积16.5平方米。

建设内容

1. 金竹山城市中央公园

2012~2015年，打造长度10公里的绿色游憩绿道，森林运动休闲场地达到2万平方米以上，森林日光剧场（聚会场所）达到3处。

2016~2020年，新增长度15公里登山游憩绿道，新增森林运动休闲场地达到3万平方米以上，新增森林日光聚会场所2处。

2. 综合公园

(1) 综合公园：2020年，新建全市性公园6个，总面积222.80公顷；改造及新建区域性公园6个，面积84.42公顷。

(2) 专类公园：至2015年，改造和新建专类公园3个，总面积27.42公顷；至2020年，新建专类公园3个，面积40.47公顷。

(3) 带状公园：至2015年改造及新建带状公园5处，面积75.07公顷；至2020年新增面积61.56公顷。

3. 居住区公园及小游园建设

至2020年，完成居住区公园建设23.15公顷；小游园绿地建设57.15公顷。

4. 道路绿地建设

至2020年，打造100条景观大道，总面积达到443.62公顷。

5. 慢行游憩绿道

2012~2015年，建设游憩绿道95公里；2016~2020年，新增绿道90公里。

6. 绿荫停车场建设

2012~2015年建设4万平方米，2016~2020年建设6万平方米。

综合性公园绿地意向图

绿荫停车场意向图

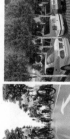

慢行游憩绿道意向图

小游园意向图

附图13 副城区绿色福利空间建设

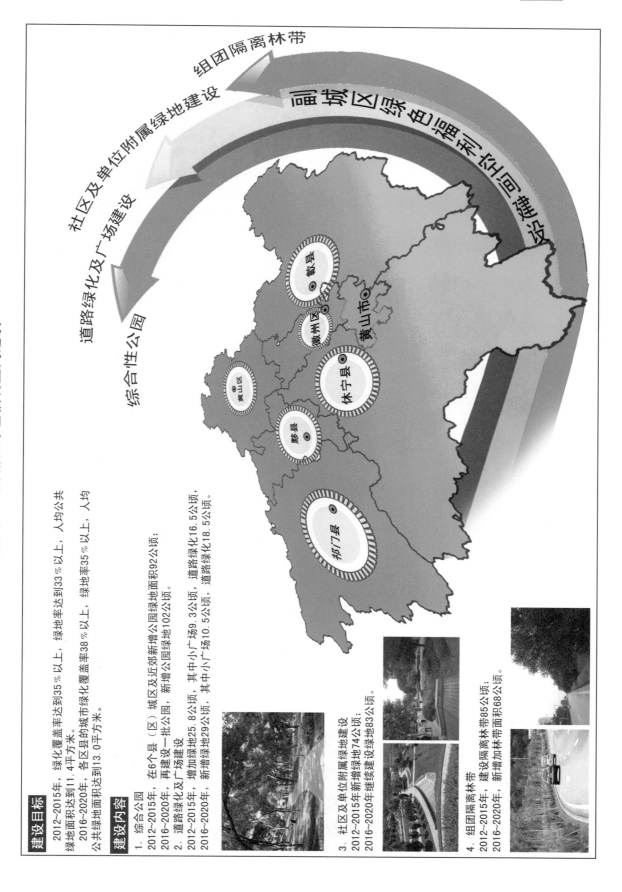

建设目标

2012~2015年，绿化覆盖率达到35％以上，绿地率达到33％以上，人均公共绿地面积达到11.4平方米。

2016~2020年，各区县的城市绿化覆盖率38％以上，绿地率35％以上，人均公共绿地面积达到13.0平方米。

建设内容

1. 综合公园

2012~2015年，在6个县（区）城区及近郊新增公园绿地面积92公顷；

2016~2020年，再建设一批公园，新增公园绿地102公顷。

2. 道路绿化及广场建设

2012~2015年，增加绿地25.8公顷，其中小广场9.3公顷，道路绿化16.5公顷，

2016~2020年，新增绿地29公顷，其中小广场10.5公顷，道路绿化18.5公顷。

3. 社区及单位附属绿地建设

2012~2015年新增绿地74公顷；

2016~2020年继续建设绿地83公顷。

4. 组团隔离林带

2012~2015年，建设隔离林带85公顷；

2016~2020年，新增加林带面积68公顷。

附图14 美丽村镇建设

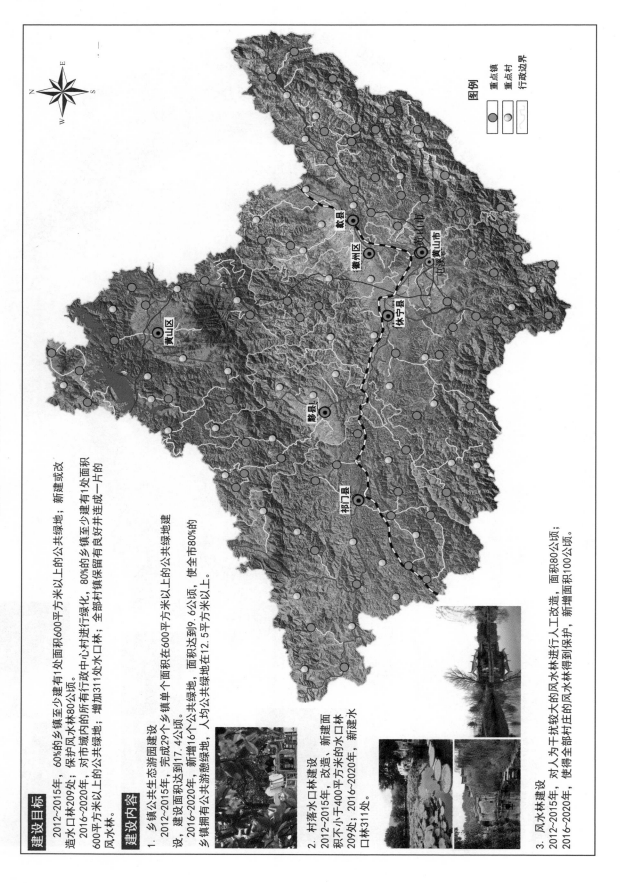

建设目标

2012~2015年，60%的乡镇至少建有1处面积600平方米以上的公共绿地，新建或改造水口林209处，保护风水林80公顷。

2016~2020年，对市域内的所有行政中心村进行绿化，80%的乡镇至少建有1处面积600平方米以上的公共绿地；增加311处水口林；全部村镇保留有良好并连成一片的风水林。

建设内容

1. 乡镇公共生态游园建设

2012~2015年，完成29个乡镇单个面积在600平方米以上公共绿地建设，建设面积达到17.4公顷。

2016~2020年，新增16个公共绿地，面积达到9.6公顷，使全市80%的乡镇拥有公共游憩绿地，人均公共绿地在12.5平方米以上。

2. 村落水口林建设

2012~2015年，改造、新建面积不小于400平方米的水口林209处；2016~2020年，新建水口林311处。

3. 风水林建设

2012~2015年，对人为干扰较大的风水林进行人工改造，面积80公顷；

2016~2020年，使得全部村庄的风水林得到保护，新增面积100公顷。

附图15 生态敏感区绿色质量提升

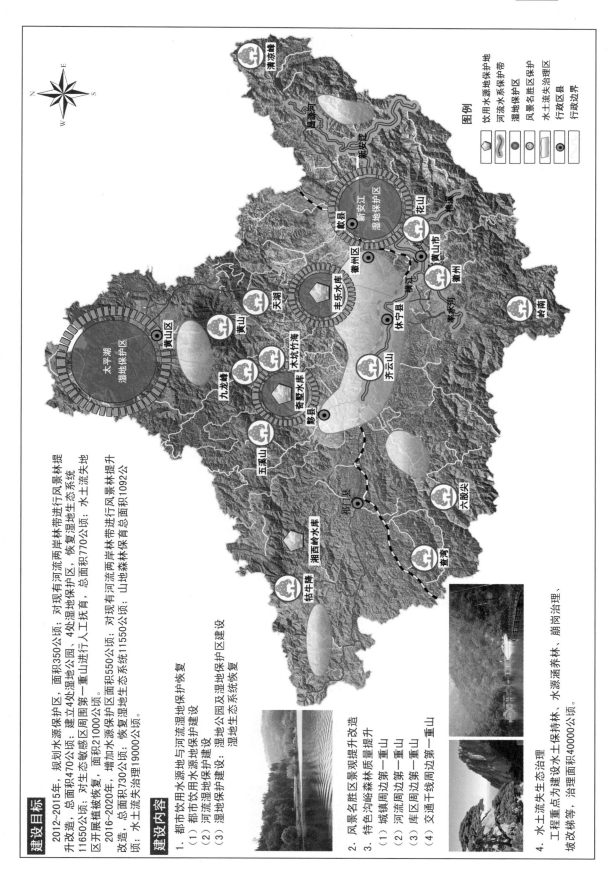

建设目标

2012~2015年，规划水源保护区，面积470公顷；对现有河流两岸林带进行风景林提升改造，总面积350公顷；建立4处湿地公园、4处湿地保护区，恢复湿地生态系统11650公顷；对生态敏感区周围第一重山进行人工抚育，总面积770公顷；水土流失地区开展植被恢复，面积21000公顷。

2016~2020年，增加水源保护区面积550公顷；对现有河流两岸林带进行风景林提升改造，总面积730公顷；恢复湿地生态系统11550公顷；山地森林保育总面积1092公顷；水土流失治理19000公顷。

建设内容

1. 都市饮用水源地与河流湿地保护恢复
   (1) 城市饮用水源地保护恢复
   (2) 河流湿地保护建设
   (3) 湿地保护区建设：湿地公园及湿地保护区建设、湿地生态系统恢复

2. 风景名胜区景观提升改造

3. 特色沟峪森林质量提升
   (1) 城镇周边第一重山
   (2) 河流周边第一重山
   (3) 库区周边第一重山
   (4) 交通干线周边第一重山

4. 水土流失生态治理
   工程重点为建设水土保持林、水源涵养林、崩岗治理、坡改梯等，治理面积40000公顷。

附图16 高标准生物防护隔离林带建设

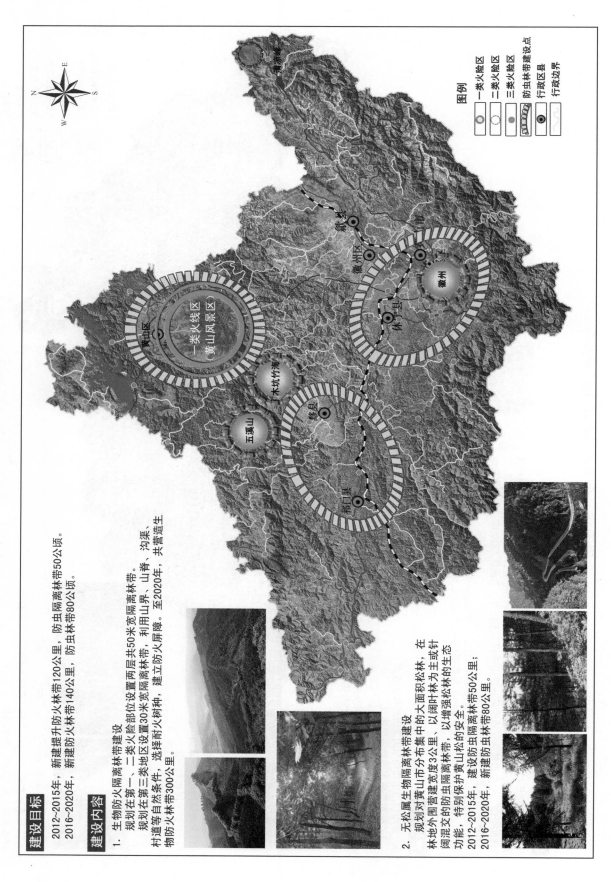

建设目标

2012~2015年，新建提升防火林带120公里，防虫隔离林带50公顷。
2016~2020年，新建防火林带140公里，防虫林带80公顷。

建设内容

1. 生物防火隔离林带建设
规划在第一、二类火险部位设置两层共50米宽隔离林带。
规划在第三类地区设置30米宽隔离林带，利用山界、山脊、沟渠、村道等自然条件，选择耐火树种，建立防火屏障。至2020年，共营造生物防火林带300公里。

2. 无松属生物隔离林带建设
规划对黄山市分布集中的大面积松林，在林地外围营建宽度3公里、阔叶林为主或针阔混交的防虫隔离林带，以增强松林的生态功能，特别保护黄山松的安全。
2012~2015年，建设防虫隔离林带50公里；
2016~2020年，新建防虫隔离林带80公里。

附图 17 生态休闲旅游建设工程示意图

建设目标

至2015年，实现生态休闲旅游总接待5000万人次，旅游总收入500亿元。新增5A级景区4家，4A级景区7家。

至2020年，实现生态休闲旅游总接待8000万人次，旅游总收入800亿元。新增5A级景区2家，4A级景区4家。

建设内容

1. 四大精品生态旅游度假区优化提升建设

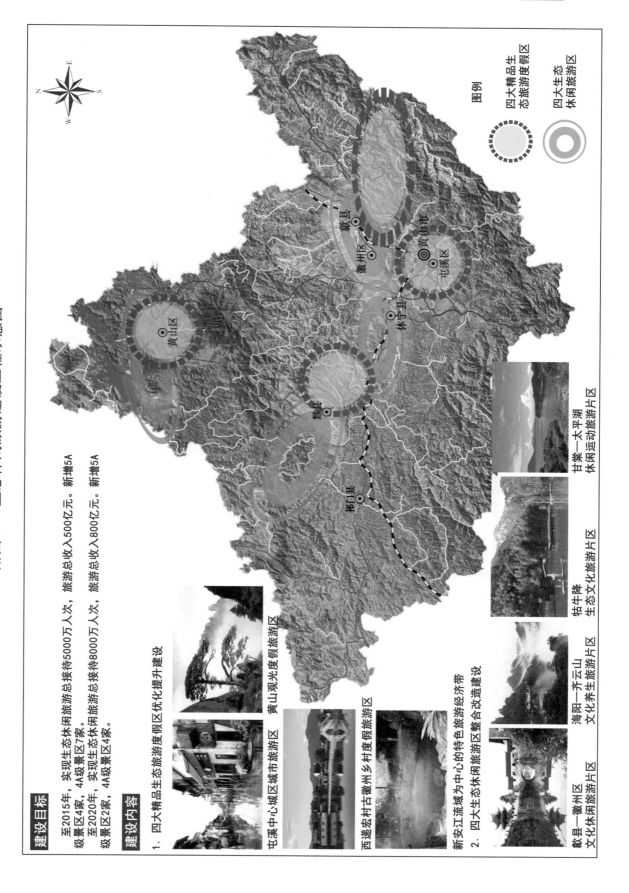

黄山观光度假旅游区

屯溪中心城区城市旅游区

西递宏村古徽州乡村度假旅游区

新安江流域为中心的特色旅游经济带

2. 四大生态休闲旅游区整合改造建设

歙县—徽州区
文化休闲旅游片区

海阳—齐云山
文化养生旅游片区

祁牛降
生态文化旅游片区

甘棠—太平湖
休闲运动旅游片区

图例

四大精品生态旅游度假区

四大生态休闲旅游区

歙县

徽州区

黄山市

屯溪区

黄山区

休宁县

黟县

祁门县

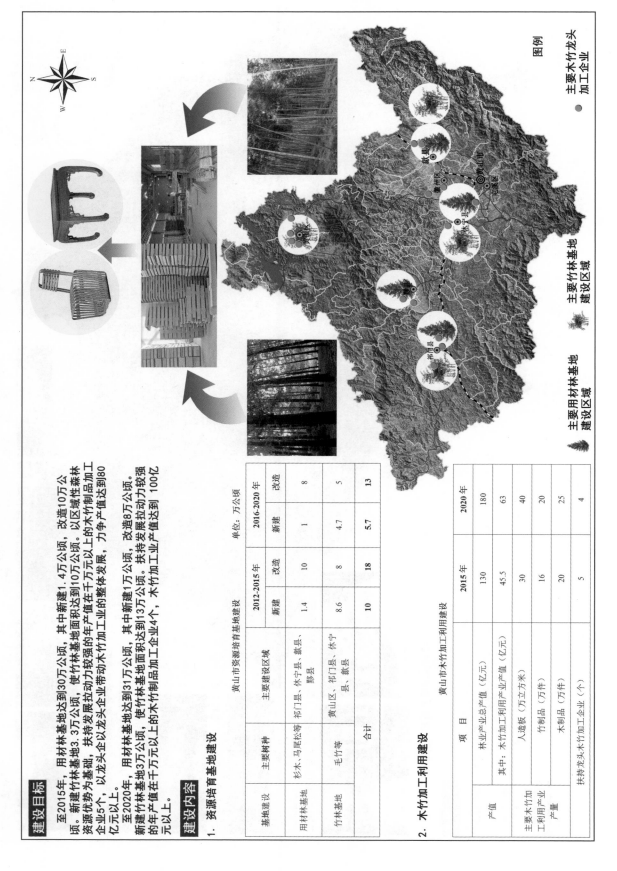

附图18 木竹加工利用产业基地建设工程示意图

附图19 特色高效林产经济建设工程示意图

建设目标

至2015年，油茶林面积达到1.7万公顷，其中新建6400公顷，建成优质油茶苗木基地3-5个、省级油茶龙头企业2-3家，创建油茶知名品牌3-5个。特色林果基地达到8667公顷。林下经济产业年产值达到10亿元。至2020年，油茶林总面积达到2.3万公顷，其中新建6100公顷，初步实现资源培育基地化、经营管理集约化，培植一批油茶精深加工企业。新建苗木基地667公顷。特色林果基地达到10000公顷。林下经济产业年产值达到15亿元。

建设内容

1. 油茶基地建设

黄山市油茶建设　单位：公顷

县（市、区）	新建规模 2012-2015年	2016-2020年	合计
黄山区	233	200	433
徽州区	400	400	800
祁门县	2067	2000	4067
休宁县	2067	2000	4067
歙县	1067	1000	2067
黟县	567	500	1067
合计	6400	6100	18400

2. 苗木基地建设

黄山市苗木基地建设　单位：公顷

县（市、区）	发展规模 2012-2015年 新建	改造	小计	2016-2020年 新建	改造	小计
屯溪区	180	333	513	67	200	267
黄山区	250	467	717	110	333	443
徽州区	200	333	533	67	267	334
祁门县	280	533	813	125	400	525
休宁县	280	533	813	121	400	521
歙县	240	533	773	110	400	510
黟县	170	333	503	67	267	334
合计	1600	3067	4667	667	2267	2934

3. 特色林果基地建设

黄山市特色林果基地建设

种类	生产区域	2012-2015年 产量（吨）	产值（万元）	2016-2020年 产量（吨）	产值（万元）
山核桃	歙县、黄山区、黟县、祁门县等	7500	40000	10000	50000
香榧	黟县、黄山区等	600	7500	700	8000
合计		8100	47500	10700	58000

4. 林下经济建设

黄山市林下经济建设　单位：亿元

建设内容	主要种类	主要区域	产值 2012-2015年	2016-2020年
林下种植	利用丰富的林下资源发展种植业，因地制宜开发林果、林花、林菜、林药等模式。	三区四县	5.2	7
林下养殖	利用林下空间发展立体养殖，发展林禽、林畜等模式。	三区四县	3.6	4
林下采集	利用丰富的林下资源进行的野菜、藤叶、杆木、菌类采集活动。	三区四县	1.2	2
森林人家	合理利用森林类、自然风光和林产品资源，依托示范点，发展生态农家乐、观光度假等	三区四县	30	50
合计			40	63

图例：油茶　香榧　林下养殖　森林人家　苗木　山核桃　林下采集　林下种植

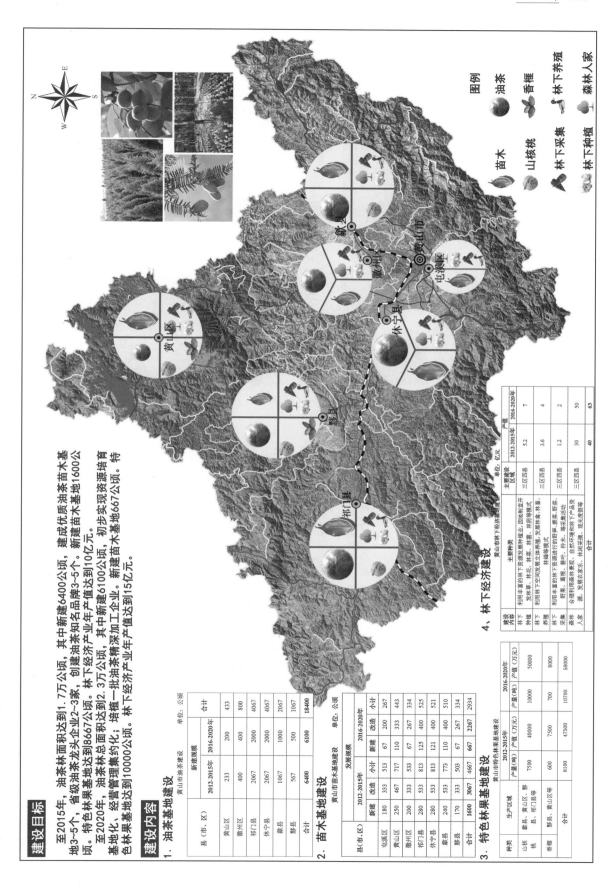

附图20 皖南生态文化展示系统建设工程示意图

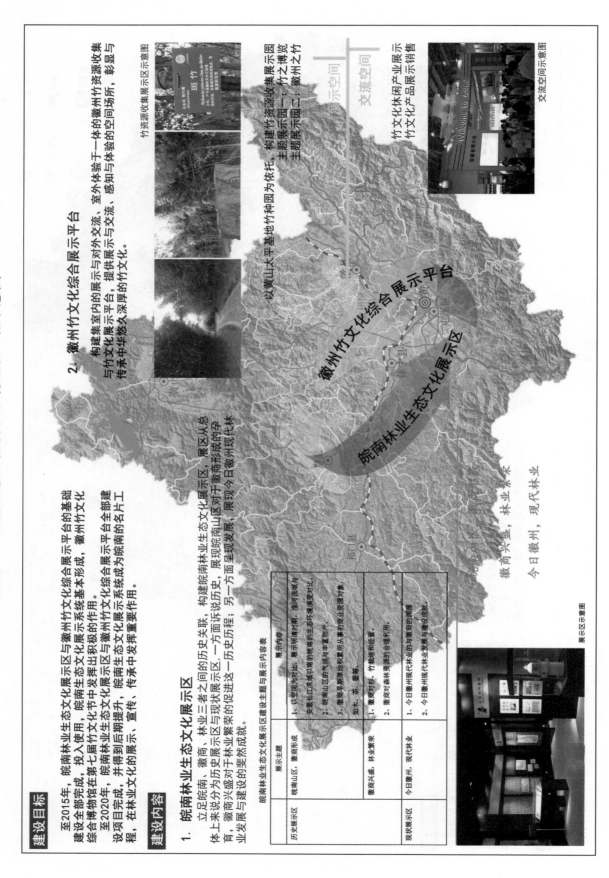

建设目标

至2015年，皖南林业生态文化展示区与徽州竹文化综合展示平台的基础建设全部完成，投入使用，皖南生态文化市中发挥出积极的作用。院南林业生态文化展示区与徽州竹文化综合展示平台的作用。

至2020年，皖南林业生态文化展示区与徽州竹文化综合展示平台全部建设项目完成，并得到后期提升，皖南生态文化展示系统成为皖南的名片工程，在林业文化的展示、宣传、传承中发挥重要作用。

建设内容

1. 皖南林业生态文化展示区

立足皖南、徽南、林业三者之间的历史关联，构建皖南林业生态文化展示区，展区从总体上来说分为历史展示区与现状展示区，一方面诉说历史，另一方面呈现发展历程，展现今日徽州现代林育，徽商兴盛对于徽商形成的孕林业发展与建设的斐然成就。

皖南林业生态文化展示区建设主题与展示内容表

展示主题		展示内容
历史展示区	皖南山区、徽商形态	1. 以空间为对比，展示明清时期、淮河流域以南安徽长江流域以南形成的生态环境变对比。 2. 皖南山区的气候以南时的气候与年变动产。 3. 徽商早期贸站和积累所从事的业资源对象，如木、茶、量变。
	徽商兴盛、林业繁荣	1. 徽南对竹、竹构和经营。 2. 徽南对森林资源的合理利用。
现状展示区	今日徽州，现代林业	1. 今日徽州现代林业的与徽南的渊源 2. 今日徽州现代林业发展与建设成就。

2. 徽州竹文化综合展示平台

构建集室内的展示与对外交流、室外体验于一体的徽州竹资源收集与竹文化展示平台，提供展示与交流、感知与体验为体验的空间场所，彰显与传承中华悠久深厚的竹文化。

竹资源收集展示区示意图

以黄山大平基地竹种园为依托，构建竹资源收集展示，主题展示园一：竹之博览 主题展示园二：徽州之竹

展示空间

竹文化休闲产业展示 竹文化产品展示销售

交流空间

交流空间示意图

展示区示意图

徽州竹文化综合展示平台

皖南林业生态文化展示区

徽商兴盛，林业繁荣

今日徽州，现代林业

附图21　自然生态文化综合基地建设示意图

建设目标

至2015年，牯牛降森林生态文化综合体的绿色康体理疗基地与自然融情体验基地建设基本完成并投入使用。太平湖湿地生态文化综合体的"自然原生的风情面纱""自然孕育的文脉烙印""自然和谐的现代休闲"三大户外主题区的各项建设基本完成。

至2020年，牯牛降森林生态文化综合体与太平湖湿地生态文化综合体的建设项目得到全面提升与完善，成为公众体验感知牯牛降森林生态文化与生态文化与生态文化接受吸纳生态文化的首选地，形成了一定的社会影响力。

建设内容

1. 牯牛降森林生态文化综合体

依托牯牛降自然保护区，通过建设以"康健"为主题的绿色康体理疗基地与以"休闲"为主题的自然融情体验基地，打造牯牛降森林生态文化综合体。

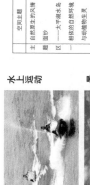

森林假日村　　山林艺术区　　徒步登山道　示意图

绿色康体理疗基地建设总体概况表

	包含场所	建设主旨	建设内容
绿色康体理疗基地	身体辅助治疗场所	聚自然之气以行疗	1. 植物精气浴场 2. 森林调理浴场
	心灵舒缓治愈场所	感自然之气以宁	1. 森林园艺空间 2. 森林"禅思"空间
自然融情体验基地	栖居场所	隐自然之意而栖	1. 森林"假日村" 2. 山林"会客厅"
	游憩场所	悦自然之动而嬉	1. 森林漫行路 2. 徒步登山道 3. 丛林野营区 4. 山林艺术区 5. 湖水娱乐区

自然融情体验基地建设概况表

	建设主旨	建设内容
栖居场所	隐自然之静而栖	1. 森林"假日村" 2. 山水"会客厅"
游憩场所	悦自然之动而嬉	1. 森林漫行路 2. 徒步登山道 3. 丛林野营区 4. 山林艺术区 5. 湖水娱乐区

2. 太平湖湿地生态文化综合体

依托牯牛降自然保护区，通过建设以"康健"为主题的绿色康体理疗基地与以"休闲"为主题的自然融情体验基地，打造牯牛降森林生态文化综合体。

科普教育　　景观路线　　水土运动　示意图

太平湖湿地生态文化户外主题区建设概况表

空间主题	空间功能	空间建设内容	空间建设地点
主题一 自然原生的风情面纱区	风光欣赏 自然认知 科学研究	一 太平湖水岛相依的自然环境与动物微生灵	1. 天然素观保护区 2. 湿地科普基地 3. 科普教育节点	湿地生态保育区、湿地生态群落光水闲区以及太平湖湿地内适宜建设点。
主题二 自然孕育的文脉烙印区	文化解读 民俗体验	二 太平湖与当地入世代磨合适应的文化积淀	1. 古迹寻踪线路 2. 民俗节庆活动	卓村鹊桥、西峰庵、水庆庵等历史古迹、九曲湾历史与民俗文化体验区。
主题三 自然和谐的现代休闲区	生态度假 水上运动	三 太平湖与现代都市还求和谐适应的新篇章	1. 生态假日社区 2. 水上运动基地	大湖素水运动休闲区及太平湖湿地内适宜定位点。

太平湖湿地生态文化综合体

牯牛降森林生态文化综合体

自然生态文化综合基地

附图22 徽州人居生态文化示范建设示意图

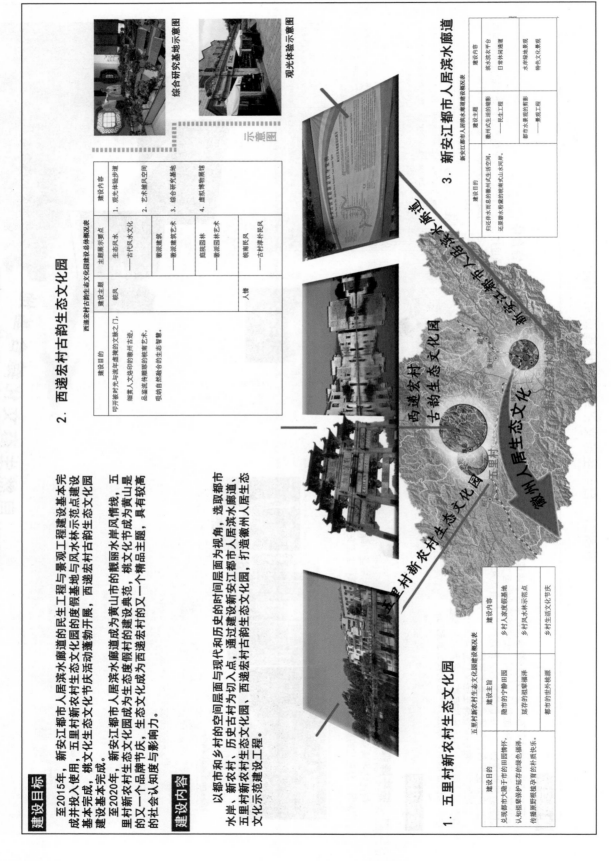

国家林业局重点出版工程　国家出版基金资助项目

"十二五"国家重点图书出版规划项目——中国森林生态网络体系建设出版工程

▦ 内容简介

党的十八大把生态文明建设放在突出地位，将生态文明建设提高到一个前所未有的高度，并提出建设美丽中国的目标，通过大力加强生态建设，实现中华疆域山川秀美，让我们的家园林荫气爽、鸟语花香，清水常流、鱼跃草茂。

2002 年，在中央和国务院领导亲自指导下，中国林业科学研究院院长江泽慧教授主持《中国可持续发展林业战略研究》，从国家整体的角度和发展要求提出生态安全、生态建设、生态文明的"三生态"指导思想，成为制定国家林业发展战略的重要内容。国家科技部、国家林业局等部委组织以彭镇华教授为首的专家们开展了"中国森林生态网络体系工程建设"研究工作，并先后在全国选择 25 个省（自治区、直辖市）的 46 个试验点开展了试验示范研究，按照"点"（北京、上海、广州、成都、南京、扬州、唐山、合肥等）"线"（青藏铁路沿线，长江、黄河中下游沿线，林业血防工程及蝗虫防治等）"面"（江苏、浙江、安徽、湖南、福建、江西等地区）理论大框架，面对整个国土合理布局，针对我国林业发展存在的问题，直接面向与群众生产、生活，乃至生命密切相关的问题；将开发与治理相结合，及科研与生产相结合，摸索出一套科学的技术支撑体系和健全的管理服务体系，为有效解决"林业惠农""既治病又扶贫"等民生问题，优化城乡人居环境，提升国土资源的整治与利用水平，促进我国社会、经济与生态的持续健康协调发展提供了有力的科技支撑和决策支持。

"中国森林生态网络体系建设出版工程"是"中国森林生态网络体系工程建设"等系列研究的成果集成。按国家精品图书出版的要求，以打造国家精品图书，为生态文明建设提供科学的理论与实践。其内容包括系列研究中的中国森林生态网络体系理论，我国森林生态网络体系科学布局的框架、建设技术和综合评价体系，新的经验，重要的研究成果等。包含各研究区域森林生态网络体系建设实践，森林生态网络体系建设的理念、环境变迁、林业发展历程、森林生态网络建设的意义、可持续发展的重要思想、森林生态网络建设的目标、森林生态网络分区建设；森林生态网络体系建设的背景、经济社会条件与评价、气候、土壤、植被条件、森林资源评价、生态安全问题；森林生态网络体系建设总体规划、林业主体工程规划等内容。这些内容紧密联系我国实际，是国内首次以全国国土区域为单位，按照点、线、面的框架，从理论探索和实验研究两个方面，对区域森林生态网络体系建设的规划布局、支撑技术、评价标准、保障措施等进行深入的系统研究；同时立足国情林情，从可持续发展的角度，对我国林业生产力布局进行科学规划，是我国森林生态网络体系建设的重要理论和技术支撑，为圆几代林业人"黄河流碧水，赤地变青山"梦想，实现中华民族的大复兴。

作者简介

彭镇华教授，1964 年 7 月获苏联列宁格勒林业技术大学生物学副博士学位。现任中国林业科学研究院首席科学家、博士生导师。国家林业血防专家指导组主任，《湿地科学与管理》《中国城市林业》主编，《应用生态学报》《林业科学研究》副主编等。主要研究方向为林业生态工程、林业血防、城市森林、林木遗传育种等。主持完成"长江中下游低丘滩地综合治理与开发研究"、"中国森林生态网络体系建设研究"、"上海现代城市森林发展研究"等国家和地方的重大及各类科研项目 30 余项，现主持"十二五"国家科技支持项目"林业血防安全屏障体系建设示范"。获国家科技进步一等奖 1 项，国家科技进步二等奖 2 项，省部级科技进步奖 5 项等。出版专著 30 多部，在《Nature genetics》《BMC Plant Biology》等杂志发表学术论文 100 余篇。荣获首届梁希科技一等奖，2001 年被授予九五国家重点攻关计划突出贡献者，2002 年被授予"全国杰出专业人才"称号。2004 年被授予"全国十大英才"称号。